邂逅一杯好咖啡

Specialty Coffee

柯明川 ⊘ 编著

中国画报出版社·北京

作者序·梦回勤农唤新书

第一本《精选咖啡》付梓之后，已匆匆过去了十二年。这段时间里，朋友一直问：什么时候再出一本？原因无他，只因咖啡的知识博大精深，浩如烟海，自觉所知甚少，总感如临深渊，诚恐诚惶。所以到现在才又动笔，将多年的观察编著成第二本书，与大家一起分享。

这些年，最喜爱研究生态咖啡种植。发现很多农民辛辛苦苦地种植有机咖啡，总是将环境保护得很好，水道边坡都不侵蚀土壤，更将遮阴的大树留下，农庄仿佛是一座自然的乐园，让我觉得有义务撰写一章"生态咖啡"，为他们说几句话。

另外，很多年轻人投入精选咖啡行业，开一家小店、每天工作超过12小时的比比皆是。他们渴求咖啡情报，又无太多时间可研读与研究。看到这些勤奋的年轻人，让我们一起来为他们收集与整理资料吧。在拥有数千个品种的咖啡世界里，我也愿意花时间品鉴，与他们一起讨论其中的特色，并感受各地的咖啡哲理。

有了这样的动机，写作虽然辛苦，也觉得快乐。其间测试过无数的咖啡品种，也实践过无数的冲煮方法。眼睛累了，双手僵了，脚也酸了，但是想到勤奋的农民与业内的年轻人，值得。

柯明川 敬上
2012年5月18日

作者序 · 梦回勤农唤新书

第一章　精选咖啡的兴起 // 1

精选咖啡的兴起

精选咖啡的传奇人物

精选咖啡的意义

第二章　精选咖啡的血统传承 // 13

咖啡的起源与原生种

咖啡的血统

精选咖啡的主要品种

阿拉比卡豆与罗布斯塔豆的比较

咖啡的成长

咖啡豆的各种名称

第三章　生豆的处理 // 29

采收

处理

咖啡豆的挑选方法

第四章　咖啡豆的分级 // 41

为什么要分级（Grading）

分级的方法

第五章　生态咖啡 // 53

什么是生态咖啡？

有机咖啡（Organic Coffee）

遮阴咖啡（Shade-Grown Coffee）

公平交易咖啡（Fair Trade Coffee）

生态咖啡的认证

目　录

第六章　精选咖啡的烘焙方法 // 67

发现烘焙
烘焙的工具：烘焙机
烘焙是什么
精选咖啡与商业咖啡的烘焙有何不同
温度时间比的曲线烘焙法

第七章　新鲜的咖啡才是精选咖啡 // 85

烘焙后的"内部发展"
谁在破坏咖啡的新鲜
如何保存咖啡豆
咖啡保鲜袋
咖啡豆烘焙DIY
小型自家烘焙咖啡店的兴起

第八章　精选咖啡的研磨 // 101

精选咖啡研磨的基本原则
研磨之后粉粒的分布与咖啡的质量
螺旋桨式磨豆机（Blade Grinder）
平面锯齿式磨豆机（Burr Mill）
锥体锯齿式磨豆机（Conical Burrs）
研磨度
专家使用筛网（Sieve Analyzer）管理研磨的质量

第九章　精选综合咖啡 // 115

精选综合咖啡的目的
知名的综合咖啡
几种咖啡豆的组合最适当

CONTENTS

第十章 如何冲煮一杯好咖啡 // 127

萃取香醇的艺术
新鲜是好咖啡的基本定律
水量与咖啡
水质与咖啡
咖啡的冲煮工具
滴滤杯
电动式咖啡壶
滤压壶（French Press）
塞风壶（Syphon或Siphon）
摩卡壶（Moka）

第十一章 意大利式浓缩咖啡 // 149

什么是 Espresso
Espresso是20世纪的咖啡革命
如何选购家用浓缩咖啡机
如何冲煮 Espresso
Crema是Espresso成败的重要指标
Espresso的成功要诀
正确的填压方法
Espresso 料理
如何制作牛奶泡沫

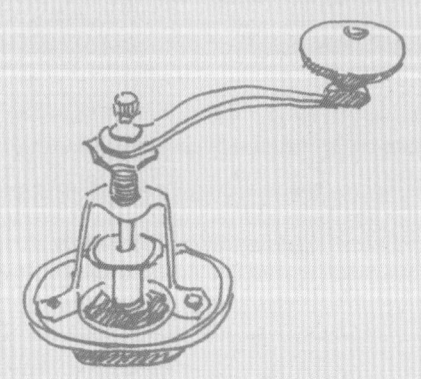

目 录

第十二章　咖啡珍奇名豆赏析 // 171

多彩的波旁咖啡豆
陈年咖啡豆（Aged Coffee）
咖啡豆中的巨人：象豆
精选自然日晒豆
阳光之豆：也门咖啡
咖啡原生种：埃塞俄比亚咖啡
并非AA就是好咖啡：肯尼亚咖啡
也有优质的咖啡：巴西庄园咖啡
天下第一名豆：牙买加蓝山咖啡
云荫巧克力：夏威夷可纳咖啡
教皇与国王的御用名豆：尤科特选咖啡
黄金咖啡豆：印度尼西亚咖啡
美丽的蓝宝石：卢旺达咖啡

印度三宝：季风马拉巴、迈苏尔金砖与皇家水洗罗布斯塔
甜味明显的咖啡：巴布亚新几内亚咖啡
有机咖啡的乐园：秘鲁咖啡
生态咖啡的前锋：墨西哥咖啡
优等生：巴拿马咖啡
美人咖啡：中美洲的Geisha
波旁乐园：萨尔瓦多咖啡
具有优质的基因：台湾咖啡
咖啡中的少女：哥斯达黎加咖啡
八面玲珑：哥伦比亚娜玲珑咖啡
大西洋珍珠：圣海伦纳咖啡
独步全球的烟丝味：危地马拉咖啡

CONTENTS

Chapter 1

精选咖啡的兴起

咖啡分为"精选咖啡"与"商业咖啡",前者风味绝佳,足以代表真正的咖啡文化,后者只是含有咖啡因的饮料。

人类起初所使用的咖啡豆属于阿拉比卡种(Arabica),它起源自东非的埃塞俄比亚,最早由阿拉伯人在也门开始种植。后来,阿拉比卡种与其衍生的后代传播到世界各地,一直都保有优质的风味,形成人类的咖啡文化。阿拉比卡种的血统优良,芳香纯正,是精选咖啡的主要来源,也是人类喝咖啡的初衷。

可惜,因为商业利益的诱惑,商人开始研发新品种与新的种植方法。他们的目的只有三项:产量增多、容易采收与方便大量销售,而并不顾及咖啡的风味。这样的咖啡比较便宜,商人以低价通过某些渠道销往世界各地,使商业咖啡几乎一度席卷全世界。

精选咖啡的兴起

1962年可以说是精选咖啡与商业咖啡市场兴衰的关键一年。这一年，全美国每人每天平均消费量为3.12杯，是历史的高峰。之后，人们逐渐厌倦乏味的商业咖啡，于是消费量逐年下降。20世纪八九十年代都停滞在1.7杯左右，咖啡市场在美国历经了20多年的不景气。

1974年，在"茶与咖啡"的一篇专访中，努森（Erna Knutsen）率先使用"精选咖啡"（Specialty Coffee）这个名词，用以形容风味绝佳的高级咖啡豆，有别于只重视营销而不重视质量的商业咖啡（Commercial Coffee）。

美国是世界上最大的咖啡消费国，当时的市场几乎全被商业咖啡所霸占。由于风味不佳，美国人对此也渐渐感到厌倦。努森登高一呼，无异于更确立了精选咖啡的潮流地位。这时，美国仍有一些有心人努力经营优质咖啡商店，他们的努力使得精选咖啡悄然兴起，市场占有率逐年上升，并出现了一些传奇人物。

精选咖啡的传奇人物

⊙ 娥娜·努森（Erna Knutsen）的传奇故事

努森幼时自挪威移民美国，40多岁才开始接触咖啡，最早曾在旧金山的一家咖啡公司

（B.C. Ireland）里担任执行秘书。当时她发现该公司进口的罗布斯塔豆大量销售给知名的通用食品（General Foods）与席尔斯兄弟（Hills Bros.）公司。这些公司以经营商业咖啡为主，将罗布斯塔豆掺入产品中，制成罐装或速溶咖啡，再以密集的广告营销全美。

当时该公司虽然也进口优质的阿拉比卡豆，但需求少得可怜，通常装不满一个货柜（约250袋，即15000公斤）。努森试着将这些优质咖啡豆推销给当地的小型烘焙商，结果销售相当顺利。可见地区性的咖啡业者更重视风味，也都各自拥有一批咖啡知己。努森接着用心推广小量交易的精选咖啡，成就非凡，最后甚至登上总裁的宝座。

努森曾经获得"美国精选咖啡协会"（SCAA）颁发的"终身贡献奖"（Lifetime Contribution Award），并担任该协会的董事。1985年，在加州的沙加缅度，她自创了"努森咖啡公司"（Knutsen Coffee Ltd.），在精选咖啡市场中拥有相当崇高的地位。

根据2012年的媒体报道，我国台湾地区的选手杨洁儒2011年在日本参加世界赛风壶咖啡大赛时拿下亚军，他所使用的豆子来自南投县的鱼池乡，由大山水晶咖啡庄园主人余芳霞种植。台湾生产的咖啡豆竟能在世界比赛中得名，这立即引起广泛的关注，从而促使娥娜·努森于2012年2月造访台湾的咖啡园。

⊙ 艾佛瑞·皮特（Alfred Peet）的传奇故事

艾佛瑞·皮特（Alfred Peet）与努森一样，都是来自欧洲的移民，他的父亲亨利（Henry Peet）原本在荷兰的一个小镇开办咖啡烘焙厂。小皮特从小就浸淫在各种异国咖啡豆之间，十多岁时便到阿姆斯特丹一家颇具规模的咖啡进口公司做学徒，18岁时返家协助父亲经营烘焙厂。1948年，皮特只身前往印度尼西亚——这里曾是荷兰的殖民地，有他最喜爱的浓醇咖啡——并对生豆的处理有了更专精的体会。皮特热爱咖啡,有长期而系统的咖啡加工经验,他在无意之间启动了精选咖啡的革命。

1955年,皮特前往美国的旧金山打天下,曾经在琼森公司(E.A. Johnson&Company)服务数年。琼森公司的业务是专门为大型烘焙厂进口咖啡豆,主要的客户有席尔斯兄弟(Hills Bros.)与佛吉斯(Foldger's)。令皮特大惑不解的是:全世界第一大消费市场的美国为何总是进口中南美洲的平庸咖啡豆,甚至还有非洲的罗布斯塔豆?为什么这样富有的国家却在喝这种低级的咖啡呢?这个时期美国已很少进口优良的阿拉比卡豆,这些豆子几乎全部流向较懂咖啡的欧洲。于是,皮特便产生了自行创业、贩卖精选咖啡的构想。

1966年,"皮特咖啡与茶专卖店"(Peet's Coffee and Tea)在旧金山的柏克莱(Berkeley)正式开张,店面不大,却有一台滚筒式烘焙机,采取小量烘焙,卖的全是新鲜的优质咖啡豆。

这时,美国市场上几乎全是浅烘焙的咖啡豆。因为烘焙得越浅咖啡豆的失重越少,也就越能卖钱。但是皮特相当坚持"重烘焙"的理想,他把咖啡豆烘到深褐色,外表可见一层油光,他认为这样才能表现咖啡的浓醇(Full Body)美味。后来,创立"Starbucks"(星巴克)咖啡公司的鲍德温等人曾向他学习这种烘焙方式。因此,皮特被誉为美国重烘焙咖啡的鼻祖。

⊙ 星巴克的传奇故事

精选咖啡最传奇的人物应属原籍西雅图(Seattle)的鲍德温(Gerald Baldwin)、波克(Gordon Bowker)以及席格(Zev Siegl)三人。他们是西雅图大学的同学,曾经休学一年结伴去欧洲旅行并结为知己。有一次,波克突发其想:何不在西雅图开一家咖啡店?其他人也很快地答应了。席格还特地南下旧金山去拜访皮特，结果皮特慷慨允诺，愿意供应咖啡豆给他们。1971年，通过一个简单的仪式，星巴克正式在西雅图的帕克地市场（Pike Place Market）开了一家精选咖啡专卖店。他们经常到皮特的店里学习咖啡知识，并学会重烘焙的技术，正式成为精选咖啡的传人。

1979年，皮特已六十高龄，他卖掉备受尊崇的企业，宣告退休。1983年，买主又想转让，这对鲍德温而言，真是个大好机会，徒弟承接师父的事业，颇有继承大统的意思。于是，鲍德温向银行贷款，买下"皮特咖啡与茶公司"，使他们的咖啡事业跨入旧金山地区。

鲍德温身兼二职，又两地奔波，负担相当重，于是1987年卖掉星巴克。接手的人是该公司原本的业务经理，也就是霍华德·萧兹（Howard Schultz），由他继续发展精选咖啡，并转型为国际连锁公司。

⊙ 现在的"皮特咖啡与茶"

虽然星巴克的规模超过"皮特咖啡与茶"，但是行家对后者的评价甚佳，位于加州大学伯克立校区附近的总店至今仍是宾客满座，一席难求。

鲍德温在卖出星巴克之后，专心到加州经营"皮特咖啡

与茶公司"，业绩仍然不错，经常门庭若市，并在各地拓展分店。2001年1月，该公司以每股8美元上市（NASDAQ），当天就涨到9.38美元，可见受欢迎的程度。许多观光客也喜欢造访伯克立总店，除了品尝新鲜浓厚的咖啡之外，还可重温皮特与星巴克的传奇故事。不能亲自到访的人，不妨到他们的网站（http://www.peets.com/）看看，可获得不少咖啡知识，还可邮购咖啡。

⊙ 成立美国精选咖啡协会

皮特的传奇故事与星巴克的成功，带动了精选咖啡市场的蓬勃发展，各地区的小型烘焙商或咖啡专卖店也纷纷传来捷报。1983年，一些默默耕耘的人士进一步团结起来，成立"美国精选咖啡协会"（Specialty Coffee Association of America，简称

SCAA），从事精选咖啡的研究与推广。他们研发咖啡的相关器材，并制定了一些标准，让业者有所依循。该协会的出版物都相当实用，教育课程也使不少咖啡从业人员受益良多。喜爱咖啡的人可以在他们的网站（http://www.scaa.org/）上买到好书，并可获取诸多信息。另外，中国台湾地区的咖啡从业人员也可以通过该协会认证教室举办的课程进一步取得专业认证资格。

精选咖啡的意义

所谓精选咖啡不是一个品种，也不是一个商标，更不是一个品牌。它是一种严谨的处理咖啡豆的方法，也是一种注重咖啡质量与风味的象征。我们可以从下列几个角度来了解究竟什么是精选咖啡。

⊙ 从品种看咖啡

咖啡的品种主要有阿拉比卡（Aribica）与罗布斯塔（Robusta）两种，前者生长于高海拔凉爽的地区，风味较佳，约占世界咖啡产量的七成，是精选咖啡的主要来源；后者生长于低海拔地区，抗病力强，但是风味不佳，有一股怪味，约占世界咖啡产量的30%。

然而，并非所有的阿拉比卡豆都是精选咖啡，只有少数的高级豆来自高山地区，或经过严格的挑选与分级。质地坚硬、口感丰富、风味特佳的才能算是精选咖啡，只占全球咖啡产量的约10%而已。至于罗布斯塔豆则几乎全数打入商业咖啡市场，只有极少数的优良豆子可以算是精选咖啡。

⊙ 从处理方式看咖啡

由于咖啡果实的成熟时间不同，一年之中好的咖啡一定要分3至6次以手工采收。在处理的过程中，不论采用日晒法还是水洗法，必须得小心翼翼；而所制成的咖啡生豆也得再经过严格的挑选、分级，以确保其质量的稳定性。因此，有些地区虽然风土条件佳，能产出优良的咖啡豆，但是若处理不当或只是挑剩的次级品，这都不能算作精选咖啡。举例来说，巴西豆几乎都是阿拉比卡种，但很多是由机器采收，质量良莠不齐；还有等级较差的曼特宁，是挑选后剩下的次级品，也不能算是精选咖啡。

多年前，美国精选咖啡协会曾印制一份精选咖啡分类图（Green Coffee Classification Chart），清楚地定义无瑕疵的生豆与具备特殊风味的咖啡才算是精选品。在这张图表中，精选咖啡的下一级是Premium（高级品），其实看起来也没什么明显的缺点，但还是不能列入精选品。由此得知，精选咖啡是绝对的特殊，远超过"喝起来还不错"的水平。

⊙ 从烘焙方式看咖啡

生豆的年份、种类、室温、含水率和烘焙的温度有相当密切的关系。一般来说，精选咖啡通常采用小量烘焙（Small Batch），事先须有严格的测试与分析，再由师傅全程看顾，待烘到最佳状态才会停止。这样一来，咖啡豆的里外都能均匀熟透，可确保质量的完美。相反，商业咖啡则采用大量烘焙，目的在于将生豆烤成咖啡色，让人们有咖啡的感觉而已。

⊙ 从新鲜度看精选咖啡

新鲜的咖啡才算是精选咖啡，这已是不争的事实。这里所说的"新鲜"是指烘焙后的新鲜，而不是指生豆采收后的新鲜。咖啡豆在烘焙之后，约7天之内风味发展到高峰，是最好喝的时候；一旦存放时间过久，咖啡将自然衰败，且遭受氧化，风味自然大不如前。因此，新鲜是定义精选咖啡的基本要求，不够新鲜的咖啡绝不能算是精选咖啡。

◉ **从贩卖方式看咖啡**

　　精选咖啡的专卖店应该都会贩卖全豆，让客户带回家自行研磨。由于咖啡豆的新鲜很重要，因此，烘焙的日期应该都要保持在7天以内，这样才能煮出好咖啡。相反，商业咖啡则应以铁罐、玻璃罐或塑料袋来包装较差的咖啡豆、咖啡粉或速溶咖啡，让它在货架上慢慢等待随机上门的顾客。

　　一般来说，若精选咖啡专卖店也卖咖啡饮料，则一定会使用新鲜的豆子，现磨现煮，端出一杯新鲜又够滋味的咖啡；若使用不新鲜又差劲的豆子，虽有华丽的包装，也不能算是精选咖啡。

◉ **从商品名称看咖啡**

　　好咖啡都有自己的特色，不甘于隐姓埋名只被叫作"咖啡"，因此，为了彰显各品种特有的风格，好咖啡都有自己的名号，例如：牙买加的蓝山（Blue Mountain）、埃塞俄比亚的耶加雪夫（Yirgacheff）、印度尼西亚的苏拉威西（Sulawesi）、危地马拉的安地瓜（Antiqua）、夏威夷的可纳（Kona）等。有时，甚至还会标上它的等级，作为名称的一部分，例如：可纳Extra Fancy（Extra Fancy是最高级的可纳咖啡）。

◆ 肯亚AA

　　这种方式不只见于咖啡豆，也出现在其他商品上，例如：台东池上米、宜兰蒜、太麻里释迦，由于产品质量优良，特别好吃，当然享有自己的名号，大大方方地在货架上闪闪发光。

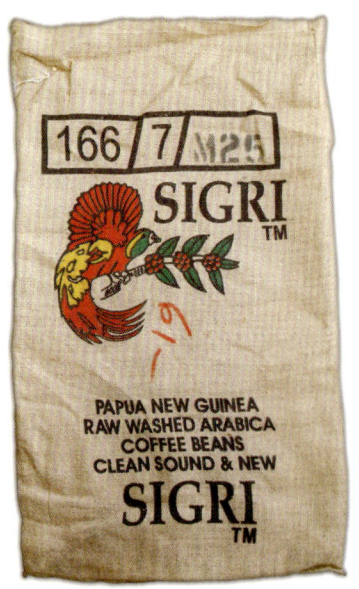

1	2	♦ 1.SIGRI水洗阿拉比卡豆
3	4	♦ 2.巴西精选波旁咖啡

♦ 3.卡门庄园咖啡（高山阿拉比卡树荫栽培豆）

♦ 4.100%波旁咖啡

邂逅一杯好咖啡

Chapter 2

精选咖啡的血统传承

关于咖啡的起源有若干种说法，其中，埃塞俄比亚牧羊人卡尔迪（Kaldi）发现咖啡的传说为多数人引用。

咖啡的起源与原生种

关于起源的传说虽然很多，但是咖啡原产于非洲已经是公认的事实。至今，仍有许多野生的咖啡树生长于埃塞俄比亚中部的高原地区，当地的居民摘取果实、嚼食果肉与种子的情形仍不少见。

现代的咖啡种植大都采用扦插法，血统传承比较稳定。原始的咖啡靠种子自然繁殖，比较容易产生突变种。因此，埃塞俄比亚有很多原生种咖啡，风味多元，不易捉摸，泛称埃塞俄比亚品种（Var. Ethiopica）。

后来，咖啡种子越过红海，由阿拉伯人在也门种植，开启人类种植咖啡的历史。阿拉伯人为了保护自身利益，禁止树苗与种子的输出，咖啡豆（种子）在运出之前一定要经过热水浸泡或以火干燥，使得胚乳遭受破坏，无法发芽。至今，也门的海尔伦（Heirloom）原生种咖啡已经在那里生长数百年，并繁衍出无数的品种。

1650年左右，有个印度人巴巴不丹（Baba Budan）偷了七粒种子，贴在肚皮上，带回南印度的故乡，种在他所居住的迈苏尔（Mysore）山区。如今，它的后裔繁盛绵延，仍生长在该地荫蔽的树林底下，产值为印度之最。印度的旧种称作老奇克（Var. Old Chick），也有一些新品种，以肯特（Kent）最常见。

⊙ **欧洲人的种植与阿拉比卡种**

欧洲人介入咖啡的种植，起于荷兰人。1699年，他们从南印度携带树苗到印度尼西亚的爪哇岛种植。咖啡在那里生长良好，从此，荷兰人打破了阿拉伯人垄断欧洲咖啡市场的局面。

此时，喝咖啡已经成为王公贵族与富裕人家的嗜好，崇尚奢华的法国皇帝路易十四也是咖啡爱好者。荷兰首都阿姆斯特丹的市长因欠路易十四一份人情，所以费尽心机地想送他一株咖啡树。这株树苗从阿拉伯半岛的摩卡港出发，先到爪哇岛，又漂洋过海到达阿姆斯特丹，再转赠给法国皇帝。路易十四非常喜爱，为它建造了温室，由植物学家照料并培育。于是，咖啡树被戏称为"贵族树"。1720年左右，法国船长克鲁（Gabriel De Clieu）将咖啡树苗带到加勒比海的法属马丁尼克岛（Martinique）种植。结果，咖啡繁衍茂盛，并传播到中南美洲各地。

这个由欧洲温室推广出来的咖啡品种是当今的主流，产量占全球70％，这就是阿拉比卡种（Arabica）的起源。

咖啡的血统

茜草科植物至少包含500属，"咖啡属"是其中的一种常绿灌木。在咖啡属里面，包含有数十个品种，但是大多没有经济价值，其中只有3种能够风靡全球。这3个品种就是阿拉比卡种

（C. Arabica）、罗布斯塔种（C. Canaphora又称Robusta）与利比亚种（C. Liberica，利比亚只是音译，与北非的利比亚国无关）。其中，阿拉比卡的产量最多，约占70%；罗布斯塔约有30%；利比亚咖啡的产量极少，鲜为人知。阿拉比卡豆的风味较佳，是精选咖啡的主要来源，但是抗病力弱，只适合在高海拔地区种植。

人类种植阿拉比卡咖啡树已有700年的历史，并衍生出许多新品种，而它们的祖先主要来自以下3个品种：

1 铁毕卡品种（Var. Typica）

铁毕卡（Typica）是阿拉伯原种咖啡，早期荷兰人携带这种咖啡树在欧洲的温室里培育，并将它传播到亚洲、中南美洲等地，进而发展出许多品种。因此，精选咖啡大都是它的后裔。铁毕卡的新生嫩叶为黄褐色，尚未结果的新枝与主干的夹角较大，约呈60度。

2 波旁品种（Var. Bourbon）

18世纪时，法国人将树苗种在印度洋上的留尼旺岛（Reunion，当时叫作波旁岛），结果产生变种，所长出的咖啡豆形状弯曲，种子的颗粒较小，适合高地种植，成为咖啡家族中举足轻重的一支血脉，是精选咖啡中的珍品。波旁的新生嫩叶为绿色，尚未结果的新枝与主干的夹角较小，约呈45度。

利比亚种与利比里亚种

早期台湾地区的书籍与研究报告都将C.Liberica称作"利比亚种",现今台北植物园里仍有几株这种咖啡树,园方的告示牌也说是"利比亚种",因此我们一直沿用这个称呼。事实上,C. Liberica最早于1792年被发现于非洲的 Sierra Leone(现在的塞拉利昂共和国),1841年在Liberia(现在的利比里亚共和国)也有发现。笔者分析,这个品种是因为取自利比里亚所以称作C. Liberica,或许"利比里亚种"是比较适当的名字。

◆ 台北植物园里的利比亚咖啡树

3 古老的原生种

如同前述,在埃塞俄比亚、也门与印度等咖啡古国里,仍有许多古老的原生种。某些原生种咖啡若经过精细处理,是非常好的咖啡。在巴拿马(Panama),一些庄园擅长种植艺妓(Gesha 或Geisha)咖啡,并屡屡参赛得奖,有人推测艺妓是埃塞俄比亚原生种的后裔。也门的咖啡几乎都是原生种,风味如醇酒,是非常棒的咖啡。

咖啡的新品种越来越多,我们仅就所知编列图表如下。也许品种太多,难以记住,在此只强调旧种产量虽低,却常有好的风味;而新种常以高产与抗病力为目标,有风味递减的现象。

英文品种名称	中文品种名称	说明
Typica	铁毕卡	这个品种最早来自于荷兰人携带阿拉伯人的咖啡树,通过在欧洲的温室里培育,传播到亚洲、中南美洲等地。著名的牙买加蓝山、夏威夷可纳与苏门答腊咖啡都是铁毕卡种的后裔。
Bourbon	波旁	18世纪时,法国人将树苗种在留尼旺岛(当时叫作波旁岛),结果产生变种。果实为红色。
Yellow Bourbon	黄色波旁	波旁的后裔,果实为黄色。
Pink Bourbon	粉红色波旁	波旁的后裔,果实为粉红色。
Orange Bourbon	橘色波旁	波旁的后裔,果实为橘色。
Marogogipe	象豆	铁毕卡的后裔,来自于巴西Marogogipe村落的变种,果实与种子的颗粒很大。
Mundo Novo	新世界	苏门答腊咖啡与波旁种的后裔。Mundo和Novo分别意为"世界"和"新",于是翻译成为"新世界"。
Catuai	卡杜艾	Mundo Novo与Caturra的混交,结红色果实的叫作Catuai Amerelo,结黄色果实的叫作Catuai Vermelho。
Geisha	艺妓	原生于埃塞俄比亚,后来传到哥斯达黎加,在巴拿马发扬光大。
Pacamara	帕卡玛拉	帕卡斯(Pacas 也属于波旁种)与Marogogipe的混合种。
SL28		肯尼亚的史考特实验室(Scott Laboratories)混交波旁与铁毕卡所得到的优良新种,SL取自该实验室的开头英文字母。
SL34		也是肯尼亚的史考特实验室研发的新种。
Acaia	阿凯亚	Mundo Novo的衍生种,也是波旁与铁毕卡的后裔,果实比较大。种植于巴西,数量不多。
Mokka	莫卡	波旁种的后裔,最早种于爪哇。
Santos	圣多斯	波旁种的后裔,最早种于巴西。
Caturra	卡杜拉	波旁种的后裔,源自巴西。高产量,不需遮蔽。
Timor	帝莫	由阿拉比卡与罗布斯塔自然混交而成,有44个染色体(与阿拉比卡相同)。
Colombia	哥伦比亚种	Timor与Caturra的混交,产量很高。
Catimor	卡帝莫	Caturra与Timor的混交,抗叶锈病。
Kent	肯特	1911年产于印度迈苏尔地区肯特咖啡园的变种,抗叶锈病,已广植于印度。
Arabusta	阿尔巴斯塔	在科特迪瓦由阿拉比卡(母)与罗布斯塔(父)混交而成,不需遮蔽。
Heirloom	海尔伦	咖啡的原生旧种,源自埃塞俄比亚,后来传到也门,也有人称呼为Var. Ethiopica。
Old Chick	老奇克	印度原生种。

精选咖啡的主要品种

精选咖啡的品种虽多,但是以海尔伦旧种、铁毕卡种、波旁种、象豆种、卡杜艾种及其直接的后裔为主要来源,像著名的牙买加蓝山、夏威夷可纳与苏门答腊咖啡都是铁毕卡种。

象豆也是铁毕卡的突变种,产于巴西巴西亚省(Bahia)的马拉戈日及地区。它的豆形很大,号称"象豆"(Elephant Bean)。它的口感润顺,是精选咖啡的好材料,曾经传播到若干国家。但是,它的单位产量较低,生命力脆弱,所以大都被其他品种所取代。现在,已经不容易见到象豆了。

若经过精致的种植与挑选,埃塞俄比亚、也门与印度等咖啡古国的原生种咖啡也可能是精选咖啡的来源,例如也门的沙纳利(Sanani)与马大利(Mattari)。只是这些地区大多处于小农经济阶段,处理技术不佳,挑豆的方法较简单,质量不易保证,很多精选咖啡业者不敢贸然进货。

⊙ 多彩的波旁咖啡

优秀的波旁种咖啡通常有比较明显的牛奶味,多种植于中南美洲,并培育出不少新的品种,果实的色彩相当多。除了原有的红色果实之外,还有黄色波旁(Yellow Bourbon)、粉红色波旁(Pink Bourbon)与橘色波旁(Orange Bourbon)。

◆ 波旁豆

⊙ 新品种的目的

混交的用意是为了培育新的品种，其主要目的如下：

增强抗病力、免除遮蔽、提高产量、控制高度以便采收

但是，产销新种总是为了商业利益而忽略了咖啡的风味。所以，并非所有的阿拉比卡种都是精选咖啡，只有少数顶级的好咖啡才够资格列入，全世界约有10%而已。例如，美国的一些精选咖啡公司，几乎都不经销巴西的圣多斯咖啡（平豆圣多斯）。

咖啡是哥伦比亚的主要经济作物之一，当地政府相当照顾农民，不断地研发新的高产量树种。这些年来，哥伦比亚比较偏向美国的商业咖啡市场，所以一直淘汰老树，改植卡杜拉与哥伦比亚种新树，产量虽大幅提升，风味却大不如前。在哥伦比亚，1公顷的卡杜拉年产值可达2000公斤，哥伦比亚种豆的产量更是高达2500公斤，但是铁毕卡只能年产750公斤，波旁种则略高于铁毕卡种。

有些老农民舍不得铲除旧种，因此，还可以见到少量的波旁咖啡，再加上结果期不同，可平衡咖啡工人的劳动负担。最近几年，由于精选咖啡逐渐抬头，商人愿意出高价购买波旁豆，才渐渐有人重新种植传统的品种。

罗布斯塔种也起源于非洲，具有苦味与霉味，咖啡因的含量高于阿拉比卡豆。目前，以印度尼西亚、越南与西非洲国家的产量最多，大都流入速溶咖啡与罐装咖啡的市场，是商业咖啡的主要原料。

阿拉比卡豆与罗布斯塔豆的比较

从咖啡豆的外形,即可轻易辨别阿拉比卡豆与罗布斯塔豆的不同。前者略成椭圆形,较瘦长,中央线(Center Cut)部分呈 S形;后者较圆、较胖,中央线几乎呈一条直线。详细比较请参阅下列附表,其中罗布斯塔的咖啡因含量几乎是阿拉比卡的2倍。

◆ 阿拉比卡豆

◆ 罗布斯塔豆

比较项目	阿拉比卡豆	罗布斯塔豆
·生长气候	温和气候	暖和气候
·生长高度	600～2200米	0～800米
·生长气温	15～24℃	18～36℃
·生长雨量	1200～2200毫米/年	2200～3000毫米/年
·染色体个数	44个	22个
·叶片	小而薄,呈椭圆形,约15厘米,表面光滑,深绿色。	大而厚,可超过20厘米,叶肉较厚,边缘呈波浪起伏状。
·花	花形小,有5瓣	花形大,有6瓣
·咖啡生豆的形状	略长,呈半边的椭圆球形	略短胖,呈半圆球形
·生豆的中央线	弯曲的S形	直线形
·咖啡因含量	0.9%～1.4%,平均1.2%	1.8%～4.0%,平均2.2%
·占全世界产量的比重	70%	30%

精选咖啡的血统传承

咖啡的成长

咖啡树适合生长在热带与亚热带气候区（位于南北回归线之间），由于亚洲、美洲与非洲均有种植，形成围绕地球的环状地带，故有"咖啡腰带"（Coffee Belt）的雅称。这些地区有许多砂质土壤，而且光照充足、雨量丰沛，的确适合种植咖啡。

由于咖啡最怕霜害，阿拉比卡原种咖啡又怕高温，所以热带地区通常种在海拔较高的地方，约 1200～2100 米之间；亚热带地区则种植在 600～1200 米之间。一般而言，越是高地的咖啡，生长越慢，质地越密，风味越佳。

咖啡的质量取决于它的品种、土壤性质与气候条件（风、雨、温度、阳光），农场能做的只是保护质量，去芜存菁，将自然的优势保留下来，目前还没有人工的方法可以改变咖啡豆的原始风味。

中国台湾地区位于亚热带气候区内，北回归线穿过嘉义、花莲两地，从北到南都有种植咖啡的记录；而海南岛、广西与云南等地，也有咖啡的栽培。最近几年，云南咖啡渐渐被一些精选咖啡的交易商所关注，只是产量尚未扩大。

◆ 台湾莲花舞鹤的咖啡园

⊙ 咖啡树

咖啡树属于常绿灌木，树干细长，分枝很多，为了采收方便，农场里的咖啡树通常都维持在1.5米左右。野生的咖啡树可能长到七八米，甚至高达10米。

精选咖啡树在种植之后，约5年才能长成，首度开花结果，可供农民采收。这漫长的5年时光，播种者只有期待；资金积压的负担常使人不愿种植咖啡。阿拉比卡咖啡结果后的第3至5年为旺产期，第6年之后生长势头逐渐衰退。所以，一般在第6～7年需要更新复壮，也就是在树干30厘米处锯断，让它重新再生枝叶，这个步骤叫作"回切"（Cut Back）。

一般而言，第1至4年所结果的咖啡质量较佳，风味较好。像巴西的圣多斯咖啡，第1至4年所生的豆子形状弯曲，颗粒较小，质地相当密实，是精选咖啡爱好者可遇不可求的佳品，业者称之为"波旁圣多斯"（Bourbon Santos）；以后再长出的豆子，颗粒变大，形状较平，风味不如前者，市场上称之为"平豆圣多斯"（Flat Bean Santos），也就是在一般店里常见的"巴西咖啡"。

♦ 巴西的阿凯亚种咖啡树

⊙ 叶、花与果实

咖啡树的叶子呈椭圆形，两叶对生，像一双孪生的兄弟姊妹。铁毕卡的新生嫩叶呈现黄褐色，波旁的新叶为绿色。阿拉比卡种的叶子最小、最薄，长约12～16厘米，表面光滑亮丽；罗布斯塔种的叶子较厚，呈波浪形，长约20～25厘米。

花瓣一般是5瓣，也有6瓣、8瓣的，呈白色，有淡淡的茉莉花香。北半球的花期在2～4月，约分成4次开花，绽放的时间很短，而且有齐放的特性，3天后便全部凋谢，所以，赏花并不容易。抓对时间，改为赏树或赏果，也很有乐趣。

咖啡的果实为浆果，有点像樱桃，所以又称作"咖啡樱桃"（Coffee Cherry）。刚长成的果实为绿色，然后变黄，成熟时为红色，果实圆润饱满，甚是好看，有些品种的成熟果实是黄色或粉红色。浆果则呈椭圆形，长1.2～1.5厘米，宽约1厘米，果肉不多，成熟时有甜味，可食用。

| 1 | 2 |
| 3 | 4 |

♦ 1.铁毕卡的新生嫩叶为黄褐色
♦ 2.波旁的新生嫩叶为绿色
♦ 3.埃塞俄比亚咖啡花
♦ 4.巴西Pantano咖啡庄园的黄波旁

⊙ 种子 —— 咖啡豆

咖啡的果实被外果皮、果肉、内果皮（Parchment）、银膜（Silver Skin）等层层包裹，深藏在最中心的部分才是种子，也就是咖啡豆。种子通常是两粒，在果实内相拥成一对，种子略成半椭圆形，两粒合抱成椭圆球体。

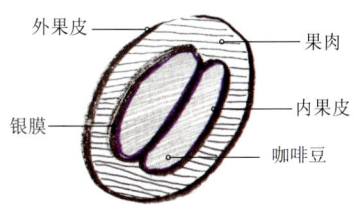
◆ 肉果皮较厚较硬，银膜很薄

有些果实里面只长出一粒豆子，形状较圆，叫作"圆豆"（Pea-Berry）。每次所采收的咖啡豆中，总会有一小部分的圆豆，有些农场会特别将它们挑出来，以"圆豆"销售，可以卖出好价格。在台湾，经常有人将圆豆称作"公豆"，而将扁平豆称作"母豆"。有人认为公豆的风味比较好，笔者认为除非加以陈年处理，否则并无明显差异。

农场一定要妥善地去除果皮与果肉，才能生产出优质的咖啡豆，因此，精选咖啡通常来自少数精致处理的生产者，在后面章节里会特别介绍生豆的处理过程。

◆ 圆豆

咖啡豆的各种名称

未经烘焙的咖啡豆，我们习惯称之为"生豆"（Raw Bean 或 Green Bean），烘焙完成的豆子则叫作"烘焙豆"（Roasted Bean）。在咖啡的交易市场上，一般将刚采收的生豆称作"当季豆"（Current Crop）；第一年的咖啡生豆叫作"新豆"（New Crop）；前年的收获品称为"旧豆"（Past Crop）；而储藏太久的则称为"老豆"（Old Crop）。老豆不等于陈年豆（Aged Bean），在后面的章节里将会详细介绍陈年豆。

⊙ 生豆有自然果香，可储存时间较长

生豆在采收与处理完成之后，一般是深绿色，或有些偏蓝，闻起来有自然的果香。它的质地坚硬，俨然像一粒青色的玉石；随着存放时间的增长，生豆会转成白色，最后变成黄色。

生豆的中央有一条明显的凹陷，叫作"中央线"（Center Cut），这是辨识阿拉比卡豆与罗布斯塔豆的线索之一。前者的中央线呈S形，后者则呈一条直线。根据笔者的经验，豆子越弯曲，颗粒越小，中央线越呈明显的S形，这样的咖啡豆风味越好。

生豆能储藏的年限相当长，不过，储存不良会改变咖啡的风味，甚至产生杂味。新豆的调性活泼，有自然的花香味与酸味，口感强烈，极易凸显个别的风味；老豆的调性沉稳，醇度与浓厚度较高。

◆ 生豆

⊙ 精选咖啡从业者较偏好新鲜豆子

一般来说,精选咖啡从业者似乎比较偏好新鲜的豆子,笔者认为有两个原因:一是高价位,积压成本不划算;二是好咖啡都有自然的特性,储藏的条件变量不容易完全掌握,一旦储存过久,恐怕会变味。

在精选咖啡的领域里特别注重咖啡的风味,通常以当季豆与新豆为交易对象,所以供货商常会给烘焙商一张收获期与到货期(Harvest Period And 1st Arrival)的明细表,作为年度采购计划的参考。在趸售或零售交易市场上,标示生豆的年份,是相当负责的做法。

◆ 烘焙豆

Chapter 3
生豆的处理

咖啡品种虽然决定了天然的风味，但是生豆的处理却能决定后天的质量。精选咖啡最重视风味与质量，所以特别在乎处理的技术和细节。

采收

采收方法是判别精选咖啡的准则之一。若从发芽的时间算起,阿拉比卡种咖啡要经过5年左右才能开花结果,而且南北半球的结实期不同。以台湾的蕙荪林场为例,每年2~4月开花,9~11月结果,这期间是赏花和赏果的好季节。

巴西有许多大型咖啡农场,经常使用机器采收,不过其等级倒不是最差的。最差劲的咖啡可能来自没有组织的农户,他们没有质量管理的观念,胡乱处理,反而生产不出好咖啡。因此,精选咖啡总是来自那些企业化经营的中小型农庄,有的甚至自创品牌,营销全世界。一般而言,咖啡的采收大致有以下几种方法:

1 机器采收:利用自动化的机器采收咖啡果实,会采收到树枝与树叶等杂物,而且成熟与未成熟的果实也会统统采下,当然不会有好的质量。

2 搓枝法:采收人员在腰间佩戴一个篮子,将树枝拉直,用手指沿着树枝由下往上搓,使得整根树枝上的果实全部掉落在篮子里。同理,成熟与未成熟的果实也会一并采收,对质量有负面影响。

3 摇树法:采收人员用力摇动树干,使果实掉落地面,然后捡起来放在篮子里。这种方法不一定能采收到刚好成熟的果实,通常会将

♦ 嵩岳咖啡园的人工采豆

过熟且已显干枯的果实也一起采收。

  4 人工分批采收法：由于所有的果实不会一次成熟，所以树枝上通常会同时有红色与青色的果实。人工采收时，只摘取艳红成熟的果实，一粒一粒放到篮子里，而不会将成熟与未成熟的果实一起摘下。精选咖啡就是使用此法，分3～6次摘取红色且饱满的果实。

处理

  采收后的果实一定要立刻进入处理程序，否则会开始发酵，使咖啡豆产生异味。处理的方法有日晒法（Sun-Dry）与水洗法（Washing）两种，这两种方法会产生不同的风味。日晒法的豆子有完整的自然醇味（Full Body）、柔和的香气（Mild Aroma）与较多的胶质；水洗法则有中等的醇味、高度的香气和活泼的酸味。

  醇味是浓缩咖啡（Espresso）所需的重要条件，会产生如酒般浓烈的香醇与滑润的感觉，浓缩咖啡的爱好者可加大日晒法加工的豆子的分量；水洗法加工的豆子干净如清澈的风铃，因杂味较少，适合滤泡式咖啡煮法。另外，水洗豆有不错的酸味，是浓缩咖啡里甜味的来源。

⊙ 日晒法（Sun Dry）

  日晒法因使用自然阳光来干燥咖啡的果实和生豆，故又称自然干燥法（Nature Dry）。由于过程中使用人工和自然的处理方法，所以日晒法的豆子在外观上看来较不整齐，卖相较不讨

◆ 衣索匹亚日晒咖啡

好人，不过，它的醇味与浓稠度却颇受一些专家的青睐。日晒法的处理步骤如下：

1. 选豆：将采收的果实放到装水的水槽里，成熟的果实会沉下去，而未熟和过熟的果实则会浮上来，这样就可以将浮上来的果实剔除。

2. 干燥：将筛选的成熟果实放在广场上曝晒5～6天，直到充分干燥为止。这时果实变成深褐色，含水率降到13%。

3. 脱壳：干燥之后的果皮变得易碎，容易脱落，这时可用机器除去皮壳。企业化经营的农场通常自设脱壳工厂，小农庄则交由处理中心代为加工。

4. 挑选与分级：精致的农场会经由人工或机器来辨识瑕疵豆，将它挑出来丢掉。人工挑选法通常使用宽约1米的输送带，由坐在两旁的数位女工以目视法挑掉不良的豆子。在一些优良的农场里，甚至经过好几次挑选，直到看不到瑕疵豆为止。机器挑选法则使用计算机辨识，剔除瑕疵豆。接着是分级的程序，依照既定的标准将咖啡豆分为若干质量等级，好的咖啡进入精选咖啡市场，不好的咖啡则流入商业咖啡市场。

5. 磨光：脱壳处理只能除去外果皮与内果皮，这时银膜仍然包裹在种子的外层，得使用机器磨去这层薄膜。然后将咖啡豆装成60公斤一袋，便可待价而沽了。各地区的袋装重量略有不同，大部分使用麻布袋，一袋60公斤；牙买加蓝山咖啡则使用木桶装，有30公斤装与70公斤装两种。

日晒法的质量不易控制，主要的风险如下：

- 天气不稳定，偶尔会遇到下雨或阴天。
- 若将果实放在广场上曝晒5～6天，容易有杂物渗入或受到虫蛀。
- 必须经常翻搅，如果翻搅不均，会造成曝晒不均。

⊙ 半日晒法

由于采用日晒法处理咖啡豆使得质量不易控制,于是有半日晒法的出现。其中有若干种转型,最常被提到的有果泥日晒(Pulped Natural Process)与蜜处理法(Honey Process)两种类别。有人说蜜处理法就是果泥日晒法,我们并不反驳,因为这两种方法实在太相似。不过,我们还是按照Los Lajones庄园的说法,认为蜜处理法是果泥日晒法的转型,因为它几乎没用到水。

果泥日晒 Pulped Natural Process

近十多年来,巴西与埃塞俄比亚有许多农场改用这种方法。他们先用机器除去咖啡的外果皮,过程之中通常会使用少许的水,帮助脱皮的顺利进行。这时,种子还带着部分的果肉与黏液,清洗之后,稍微静置。然后再拿到阳光下晒干。

这种方法有不错的效果,可增加咖啡的糖分,外形也比较整齐美观。在巴西的咖啡竞赛中,果泥日晒法处理的咖啡豆经常得奖。

⊙ 蜜处理法(Honey Process 或 Miel Process)

蜜处理法是果泥日晒法的转型之一,在脱皮的过程中几乎不使用水。农民使用机器脱除咖啡的外果皮之后,通常不做漂洗,就直接进入日晒的程序。生豆被平铺在架上,由于果肉与黏液很黏,会彼此粘贴或附着于架上,农民必须经常持铲子用力翻搅,很是辛苦。整个过程约需10~12天,生豆的含水率会降到11%左右。

在哥斯达黎加，这种方法叫作Miel Process，Miel的意思是Honey，于是有人称为蜜处理法。谈到蜜处理法，巴拿马的克鲁兹（Graciano Cruz）就值得一提，他是Los Lajones庄园的老板，率先试验蜜处理法，并协助推广到邻近的国家。过去，中美洲的国家大都使用水处理法，蜜处理法的咖啡豆有比较高的甜味与瓜果香气，可以卖个好价钱，农民改用的意愿相当高。克鲁兹目前经营两座庄园，即Los Lajones与Emporium，他们的产品也经常是巴拿马最佳咖啡比赛（Best of Panama）的获奖者（请参阅该公司的网站http://www.loslajonesestate.com/）。

蜜处理法几乎不使用水，并且避开废水处理，对环境的保护最有帮助，且咖啡的风味甚佳，值得推广。在屏东咖啡园李松源先生的著作《台湾咖啡种植》里，对蜜处理法有详细的说明，值得种植咖啡的朋友参考。

◆ 嵩岳咖啡园的蜜处理豆

⊙ 水洗法（Washing）

因为西印度群岛地区没有充分日照的条件，荷兰人在1740年左右引进"水洗法"，又称WIB（West Indische Bereiding的缩写，意思是"西印度处理法"），传统的日晒法称作OIB（Oost Indische Bereiding）。爪哇出口的咖啡豆经常标示着"WIB"，就是"水洗豆"的意思。水洗法的处理步骤如下：

1. 选豆：将采收的果实放到装水的水槽里，浸泡约24小时。这时，成熟的果实会沉下去，而未熟和过熟的果实会浮上来，可加以剔除。

1 巴西Daterra咖啡庄园在果肉除去前的作业
2 巴西的Pulped Natural果肉除去处理法
3 卢旺达 Kinunu水洗厂的水洗槽
4 Daterra咖啡庄园的干燥程序

2. 去除果肉：使用机器将果皮与果肉除去，只剩下包着内果皮（Parchment）的咖啡豆。这时，豆子的外面还有一层黏液，水洗的过程就是要洗净这层黏膜。

3 发酵（Fermentation）：黏液的附着力很强，并不容易去除，必须放在槽内约18～36小时，使其发酵，并分解黏液。发酵的方法有两种，即湿式发酵（Wet Fermentation）与干式发酵（Dry Fermentation），顾名思义，前者加水，后者不加水。发酵的过程中，种子与内部的果肉会产生特殊的变化，这是水洗法之中最影响咖啡风味的一个步骤。有些农场会添加热水或酵素来加快发酵的速度，这对质量会有负面的影响，并不受精选咖啡爱好者欢迎。巴布亚新几内亚的Sigri是著名的咖啡农庄，以独特的水洗法出名，其发酵期维持3天，每隔24小时用干净的水清洗一次，这样才能生产出具有明显甜味的Sigri Coffee。

4 水洗：使用水洗法的农场一定要建造水洗池，并能够引进源源不断的活水。处理时将完成发酵的豆子放入池内，来回推移，利用豆子的摩擦与流水的力量将咖啡豆洗得光滑洁净。

5 干燥：经过水洗之后，咖啡豆仍然包在内果皮里，但含水率高达50%，必须加以干燥，使含水率降到12%，否则将继续发酵，变霉腐败。较好的处理方法是使用阳光干燥，虽然得费时1～3个星期，不过风味特佳，相当受人喜爱。另外，有些地方使用机器干燥，大量缩短处理时间，使得其风味不如阳光干燥的咖啡。因此，精选咖啡的农场几乎都使阳光晒干生豆。

6 脱壳：完全干燥的豆子便可以放在仓库里储存，或者交给工厂进行脱壳，除去内果皮与银膜。

7 挑选与分级：与日晒法一样，水洗咖啡豆也有挑选与分级的过程，用来剔除瑕疵豆，并确保较佳的质量，再经出口商卖到世界各地。

⊙ 半水洗式（Semi-wash）

　　印度尼西亚苏门答腊的曼特宁咖啡使用特有的半水洗式的处理方法，他们先利用阳光晒干果实，接着再用热水洗掉外果皮与果肉，生产出调性沉稳且醇度颇佳的咖啡。

　　另外，有些地区的半水洗法是将果皮与果肉刮除之后，并不将裹在黏液中的生豆放进水洗槽清洗与发酵，而是直接用机器刮除黏液，接着干燥完成。也有人清洗之后，留有部分黏液，再拿到阳光下曝晒，兼具日晒法与水洗法的优点，有不错的效果。由于半水洗式的方法有很多种变化，目前尚无统一的说法。

为什么会有两种处理方法？

　　咖啡最早是在阿拉伯半岛开始种植的，那里气候干燥，干季雨季分明，所以采用日晒法，充分利用当地的阳光。但是鉴于各国的条件不同，日晒法无法适用于每个地方，因此才有水洗法的出现。

　　1. 赤道地区全年都在下雨，因此大多采用水洗法；亚热带地区则因干季与雨季相当分明，有许多农场采用日晒法，例如台湾花莲县的舞鹤地区恰好是北回归线经过之处，当地曾经大面积种植咖啡，农民便是采用日晒法，利用东台湾的阳光来曝晒咖啡豆，可惜现在只剩下小面积栽种。

　　2. 水洗法需要很多的水，而且水质要好，否则所得的咖啡不会好喝。因此，水资源丰富的地方才有可能采用水洗法。

咖啡豆的挑选方法

咖啡豆是天然的产物，即使再精细的照顾与处理，也无法保证每一粒豆子完美无瑕。因此，处理过程的最后一关便是挑选。挑选的方法很多，有的很简单，只用吹气法或震动法，让碎屑与低密度的豆子浮在上面，只选下层高密度的豆子；有的则复杂些，下面介绍两种较复杂的挑选方法：

⊙ 人工法

采用人工法的设备是一条约0.6米宽的自动输送带，由机器将生豆平铺在输送带上，并向前滚动；输送带两旁会坐着多位妇女，她们眼疾手快将瑕疵豆一一挑出。同一批豆子会输送数次，越精致的农场挑选次数越多。

◆埃塞俄比亚哈拉尔用手工精细挑选咖啡豆

⊙ 电子法

这种方法是使用先进的计算机科技，主要有三个部分，即光线系统、计算机控制系统与喷气系统。首先，生豆被放在一个大型的漏斗里，一粒一粒落下；这时，计算机会驱动光线系统射出光线，回收后由计算机分析生豆的颜色、透光与大小等数据，在决定合格与否之后，会启动喷气系统，吹掉不合格的豆子。

⊙电子法挑选咖啡豆

生豆的处理

COFFEE GRADING

Chapter 4

咖啡豆的分级

精选咖啡通常是顶级的咖啡,但是"顶级"代表什么?谁在负责分级?又如何分级?虽然等级并不是鉴别风味的唯一标准,但它仍是相当重要的指标。

为什么要分级（Grading）

咖啡原产地的管理方式各有不同，有的由大、小农家组成，有的由专业化的企业主导。即使同一个地方的咖啡，其质量和风味也有所不同，因此，为了标示咖啡质量的等级，也为了交易的便利，"咖啡分级"就成为一项重要的指标；尤其精选咖啡特别重视风味与质量，产品的分级更是不可缺少的一个过程。

不过，就像前面章节所讨论的，咖啡豆内部的物质有数千种，而且人们的偏好与感觉各有不同，分级无法百分之百呈现咖啡风味的水平。然而消费者想找到好咖啡，测试仍是最好的方法。换言之，分级并非唯一的指标。

但是，国内的咖啡专卖店通常都没有标示等级，所以只能看到哥伦比亚咖啡、曼特宁咖啡、肯尼亚咖啡等，却看不到级数。所以，试喝更是必不可少的方法之一。

分级的方法

各国咖啡豆的处理方式不同，所以产生了各式各样的分级方法，目前并无世界统一的方法。大体而言，一个生产国都只使用一种方法，但是个别农场可能自行使用其他的分级方法，例如：埃塞俄比亚咖啡有Gr1～Gr5（Gr为等级），也有SHB（极高山豆）。常用的有以下几种：

⊙ 以咖啡豆的大小（Bean Size）分级

有人说，豆子的大小不会影响咖啡的风味，像也门的咖啡，豆子的颗粒虽然有大有小，但它仍是咖啡中的上品。不过，在许多生产地区，"咖啡豆的大小"确实是一个极具参考价值的指标。在那些地区，豆子长得大而饱满且曲线优美，即表示咖啡豆生长得健壮，达到完全成熟的状态，最能展现美好的风味。

此外，相同成熟度的咖啡豆，即表示它们有一致的硬度与含水率，容易实现均匀烘焙，从而产生一致的风味，形成高质量的咖啡。因此，大多数的新兴农场都采用这种分级方法。

这种分级法是以各种有孔的筛网进行分级，筛网有各种规格，以编号识别，编号与网孔是相关联的。业内通常以1／64英寸（1英寸=1.54厘米）为计算单位，若网孔的直径是18／64英寸，则表示这个筛网的编号是18；若网孔的直径是17／64英寸，则筛网的编号是17。以此类推，有19、16、15、14等各种编号的筛网。

筛选的过程是将咖啡豆置于网上，以机器或人工来回摇动后，比网孔小的豆子便会落下，遭到剔除；

◆ 使用筛网分级

18号筛网

17号(含)以下的豆子会落下

咖啡豆的分级

遭受剔除的豆子会再经由更小号的筛网加以筛选。经过如此层层筛选之后，咖啡豆的级数就被排出来了。

经过分级之后，区分为AA、A、B、C与PB等数级。AA为最高级，A、B、C依次递减，C级以下的通常拿去当饲料或肥料。另外，圆豆（Pea-Berry）的风味特殊，而且豆子本来就比较小，所以自成一级，即PB，通常价格较高。另外，我们还可看到X、Y1、Y2与T级，这些咖啡豆的大小不一，而且瑕疵豆很多，算是相当差劲的商品。

一般使用这种分级法的地区有肯尼亚、新几内亚、波多黎各、津巴布韦、坦桑尼亚与乌干达等地，只有AA等级以上才有资格列入精选咖啡。此外，有许多巴西咖啡豆也采用这种分级法，只是直接标示19、18、17……而不用AA、A、B、C的分级法。

⊙ 以瑕疵豆（Imperfection）的点数分级

这是最早的分级方法，巴西的许多地区还在使用之中。鉴定的方法是随机抽取300克的样本，放在黑色的纸上，因为黑纸最能避免反光；然后，由专业鉴定师谨慎地检视，找出样本内的瑕疵豆，并按瑕疵的种类，累计不同的分数，例如，黑豆1粒算1分、小石子1粒算1分、大石子1粒算5分、碎豆5粒算1分、虫害豆5粒算1分、酸豆2粒算1分、大干果皮1个算1分、中干果皮2个算1分、

生豆的直径 （1/64英寸的倍数）	分级	说明
20		
19 1/2		
19	AA	扁平豆
18 1/2		
18	A	
17		
16	B	
15		
14	C	
13		
9~12	PB	圆豆

等级（Grade）	缺点累计分数
NY2	4~11
NY3	12~25
NY4	26~45
NY5	46~78
NY6	86~153
NY7	160~340
NY8	340~360
不能出口	>380

等级（Grade）	缺点累计分数
1	<= 11
2	12~25
3	26~44
4	45~80
5	86~150
6	151~225

小干果皮3个算1分、未脱壳豆5个算1分、贝壳豆3个算1分等。鉴定完成后，便依照累积的缺点分数评定级为NY2～NY8，没有NY1。如果想要买第一级（NY1）的巴西豆，是会闹笑话的。同理，只有最高的等级才有资格列入精选咖啡。

印度尼西亚的咖啡豆也是采用这种分级法，鉴定方法与缺点分数的计算大致相同。不过，最后的等级评定方式却不相同，印度尼西亚豆主要分为6级，即Gr1～Gr6。笔者曾经试过Gr1的苏门答腊曼特宁咖啡，其稠度与醇度都是上乘，无怪乎在牙买加蓝山咖啡出现之前，它曾是咖啡世界中的极品。

埃塞俄比亚也是采用这种方法，水洗豆的最高等级为Gr1与Gr2，日晒豆的最高等级为Gr3。

⊙ 以产地的高度分级

危地马拉、哥斯达黎加与萨尔瓦多等中美洲国家，都坐落于高山起伏的地带，境内的农场大多位于高度不同的山区，因此，以产地的高度来区分咖啡质量。

一般而言，高山地区由于气候寒冷、咖啡生长速度缓慢，生豆的密度越高，质地越坚硬，咖啡越是浓醇芳香，并有柔顺的酸味；反之，地势越低的地区，生豆的密度越小，质地越不坚硬，咖啡质量也越差，所以，也有人以"硬度"来分级。这些地区的等级可分为下列几种，只有前面的等级才有资格列入精选咖啡。

等级	生长地高度	等级简称
Strictly Hard Bean（极硬豆）	约1372米～1524米	SHB
Good Hard Bean（高硬豆）	约915米～1372米	GHB
Hard Bean（硬豆）	约610米～915米	HB
Pacific（太平洋海岸区）	约300米～1000米	Pacific

有些农场坐落在太平洋沿岸地区的缓坡上,高度在300～1000米之间,被称作"太平洋级",具有较低的酸性。

同理,在墨西哥、洪都拉斯与海地等地,可列入精选咖啡的等级应有极高山豆(Strictly High Grown,简称SHG);其次为高山豆(High Grown,简称HG)。

⊙ 夏威夷可纳(Kona)咖啡豆的分级法

著名的夏威夷可纳咖啡豆主要分为Type1与Type2,底下再区分有若干等级。Type1指的是一般的扁平豆,而Type2则属于圆豆(Pea-Berry)。

由于可纳咖啡豆处理精良,下列的等级都可列入精选咖啡(笔者曾在台北偶遇"Kona Number One"类型,店员说是夏威夷最高级的咖啡,这种说法似乎有些不妥,因为可纳豆的最高等级是Kona Extra Fancy;不过,Kona Number One仍是相当好的咖啡)。

Type 1

- 可纳特优豆(Kona Extra Fancy)

  豆子的大小:直径大于等于19/64英寸(1英寸约合2.54厘米)。

  含水率:9%～12%。

  缺陷豆:少于10个。

- 可纳特级豆(Kona Fancy)

  豆子的大小:直径大于等于18/64英寸。

  含水率:9%～12%。

  缺陷豆:少于16个。

- 可纳一级豆（Kona Number One）

  豆子的大小：直径大于等于16／64英寸。

  含水率：9%～12%。

  缺陷豆：少于20个。

- 可纳高级豆（Kona Prime Grade）

  含水率：9%～12%。

  缺陷豆：以重量计，缺陷豆不超过25%。其中，已发酵的豆子和黑豆不得超过总重量的5%。

Type 2

- 可纳一级圆豆（Kona Number One Pea-Berry）

  豆子的大小：直径大于10／64英寸。

  含水率：9%～12%。

  缺陷豆：少于20个。

- 可纳高级圆豆（Kona Prime Pea-Berry）

  含水率：9%～12%。

  缺陷豆：以重量计，缺陷豆不超过25%。其中，已发酵的豆子和黑豆不得超过总重量的5%。

⊙ 也门咖啡豆的分级法

也门并无政府制定的分级法，近年来有一些组织正在协助制订，该国的报章媒体也曾经大力呼吁，相信不久的将来会有结果。有些咖啡商人会使用筛网将也门生豆分为大、中、小三种，这是属于个别的做法。

⊙ 埃塞俄比亚咖啡豆的分级法

埃塞俄比亚咖啡豆的分级制度始于1952年，并于1954年修改过一次。该国将咖啡生豆分为1到5级（Grade 1~5），由埃塞俄比亚咖啡委员会（National Coffee Board of Ethiopia 简称NCBE）负责分级。

第1级与第2级保留给水洗豆，日晒豆则从第3级与第4级起向下分级。第1级不易见到，市场上的第2级几乎已经是最好的水洗豆。据说因为税费的关系，出口商有下调一级的情形，例如将第3级日晒豆订为第4级。一般而言，第2级的耶加雪夫与西达摩水洗豆已属佳品，第4级的耶加雪夫与西达摩日晒豆也算不错。

⊙ 印度咖啡豆的分级法

印度是世界上的第六大咖啡生产国，该国的咖啡豆分级方法与其他地方不同，先区分阿拉比卡豆与罗布斯塔豆，再针对这两类咖啡豆细分为水洗豆与日晒豆，分级的标准是依据生豆的大小（Bean Size）。就阿拉比卡豆而言，水洗豆冠以Plantation（Plantation的意思是大型农场或共同处理中心），等级之高低依序为A、B、C、BBB与Bulk，而自然干燥豆（Unwashed）则冠以Cherry（Cherry的意思是咖啡果实，但是这里指的是已经处理完成的生豆），以下是阿拉比卡豆的各种级别：

印度阿拉比卡咖啡豆的传统分级法		
水洗豆	日晒豆	备注
Plantation–PB	Cherry–PB	圆豆
Plantation–A	Cherry–AB	扁平豆
Plantation–B		
Plantation–C	Cherry–C	
Plantation–BBB	Cherry–BBB	
Plantation–BULK（散装）	Cherry–Bulk（散装）	

就罗布斯塔豆而言，水洗豆冠以Parchment，等级之高低依序为AB、C、BBB与Bulk，而自然干燥豆（Unwashed）则冠以Cherry，以下是罗布斯塔豆的各种级别：

印度罗布斯塔咖啡豆的传统分级法		
水洗豆	日晒豆	备注
Parchment–PB	Cherry–PB	圆豆
Parchment–AB	Cherry–AB	扁平豆
Parchment–C	Cherry–C	
Parchment–BBB	Cherry–BBB	
Plantation–BULK（散装）	Cherry–Bulk（散装）	

高级罗布斯塔豆（Parchment–AB）通常为15号豆，但也有人进行精致分类，挑出17号豆以上的冠以皇家级（Kaapi Royale），是精选Espresso综合豆或一般综合豆的好配方。

除了传统的咖啡豆，印度还将等级最高的阿拉比卡豆（Arabica Unwashed Cherry-AB）或罗布斯塔豆（Robusta Unwashed Cherry-AB）加以"季风"处理，成为季风咖啡（Monsooned Coffee），前者足以列为精选咖啡。季风马拉巴咖啡以生豆的颗粒大小（Bean Size）分级，只有最高级者可列入精选咖啡，其分级表如下：

印度季风马拉巴咖啡豆的分级法	
阿拉比卡豆	罗布斯塔豆
Monsooned Malabar-AA	Monsooned Robusta-AA
Monsooned Basanally	Monsooned Robusta-BBB
Monsooned Arabica-BBB	Monsooned Robusta Triage
Monsooned Arabica Triage*	

*Triage的意思是最低级的咖啡豆

⊙ 哥伦比亚咖啡豆的分级法

哥伦比亚咖啡豆分为Supremo、Extra、Excelso共3个等级，其中Supremo为最高级，Extra殿后；而为了商业咖啡买家而设计的是Excelso级，由Supremo与Extra所混合而成，是最末级。

哥伦比亚地区大都已经改种生长快速的咖啡树，把目标放在高档的商业咖啡市场，但即使是最高等级的咖啡豆也不见得好喝。然而，从Supremo中再挑出18号豆的"Supremo 18"却有不错的风味，常见于精选咖啡专卖店。

⊙ 美国精选咖啡协会的分级法

　　美国精选咖啡协会也曾经制定过分级法，并印制成一张海报。该协会的分级法也是按照瑕疵豆的点数区分为若干等级，第一级为"精选级"，其瑕疵豆的计点方式与前者有许多相同之处。由于部分进口咖啡豆是在美国仓库里分级处理后，再推入美国市场，所以有时也会见到这种分级法。

等级	瑕疵累计点数
精选级（Specialty Grade）	0～5
佳作级（Exchange Grade）	6～8
可交易级（Below Standard Grade）	9～23
低于标准级（Off Grade）	24～86
淘汰级	>80

Chapter 5

生态咖啡

近年来,环境保护的意识备受重视,当然也影响到咖啡产业,所以自然生态法种植的咖啡越来越受关注。由于生态咖啡能卖出较好的价格(Premium Price),所以农家与从业者大多崇尚精细处理,因此生态咖啡也是精选咖啡。笔者实际品测过许多有机咖啡,发现它们的苦味较低,且有一股自然孕育而成的厚实风味,的确是好咖啡。

什么是生态咖啡？

生态咖啡的英文名称为Sustainable Coffee，意思是能让自然生态永续发展的咖啡。这里所说的生态包括环境、经济与社会三个方面，这就要求我们不但要保护自然环境，也要改善农民的生活水平，让咖啡产地的小孩也能够接受教育。只有这样，产销的良性循环才能使农民愿意世世代代从事咖啡生产，改善咖啡的质量，我们才会有好喝的咖啡。因此，这也可以说是"道德咖啡"。

联合国贸易发展会议（United Nations Conference on Trade and Development，网址为http://sustainablecommodities.org/）与国际生态永续发展机构（International Institute for Sustainable Development）已经完成一项提议，名为生态永续商品提案（Sustainable Commodity Initiative），并制定咖啡商品是第一阶段的策略目标。所以，生态咖啡也会是生态农产品的先导。

目前，生态咖啡的消费比重以欧洲国家最高，其次是美国。生态咖啡与一般咖啡比较，或许所占的比率还不算太高，但是每年都有两位数字百分比的成长，进步可观，其成长率通常是一般咖啡的若干倍。

2003年，美国精选咖啡协会（SCAA）设立了生态永续奖（Sustainability Award），奖励对生态保护有贡献的专案。这个奖项已经持续一段时间，每年在该协会的年度展览会（SCAA Annual Exposition）上颁奖，可见大家对生态咖啡都相当重视。

然而，生态咖啡比较重视自然与人文的永续发展，因此研磨之后的咖啡粉也符合标准。因此，我们建议精选咖啡的消费者购买未经研磨的全豆（Whole Bean）。

在市场上，生态咖啡是一个统称，它指的是有机咖啡、遮阴咖啡与公平交易咖啡，以下的章节将逐一介绍这三种咖啡。

有机咖啡（Organic Coffee）

有机咖啡采用接近自然的方法种植或处理，不破坏生态环境，在过程之中完全不使用合成化学肥料、化学杀虫剂与有害的农业化学药剂。

⊙ 有机咖啡的认证

由于大家对"有机"的标准不一，因此消费者在购买时常产生疑虑。所以，先进国家均订有若干标准，也有许多民间的非营利组织依据这些标准辅导农民，并进行认证。在认证之后，还要经常查核，以确保处理方法的正确性。所以，建议消费者以购买经过认证的有机咖啡为宜。

20世纪80年代中期，咖啡豆国际公司（Coffee Bean International，简称CBI）与有机咖啡改良协会（Organic Crop Improvement Association，简称OCIA，网址为http://www.ocia.org/）率先为危地马拉与墨西哥等地的合作农场提供有机咖啡的认证及营销工作。如今，认证的机构已有若干家，建议消费者审慎选择。

我国台湾地区有机咖啡的现状

我国台湾地区也订有相关标准，民间也有数家认证机构辅导农民，并进行认证。详情可参阅有机农业全球信息网（http://info.organic.org.tw/supergood/），可查询到台湾有哪些咖啡园获得认证，这个网站是由台湾相关部门为补助宜兰大学有机产业发展中心而建立与维护的。

⊙ 有机咖啡的传奇人物

在刚开始的时候，有些有机咖啡的确来自一些落后地区，当地农民一贫如洗，无力使用化学肥料或农药。他们的咖啡园缺乏管理，生产条件很差，而且日晒法或水洗法的技术不佳，因此质量并不理想。

不过，近几年来已有显著的改善，这要归功于圣地亚哥女商人凯伦·赛伯瑞罗丝（Karen Cebreros）。凯伦原嫁入一个墨西哥家族，1989年她被诊断出患有罕见心脏病，不得离开医院太远，但她却远赴秘鲁山区的坦波拉帕（Tamborapa）定居，依附一位姻亲。那里没水、没电，但是村民乐天知命，以种咖啡为生。由于村民不用农药，土地也尚未受到污染，凯伦遂决定协助他们种植有机咖啡，以便卖得更好的价格。

在CBI与OCIA的协助之下，各农庄逐渐取得有机咖啡的认证。现在，当地已经完成水电、电话、桥梁与公路的建设，并有实验室专门研究咖啡的质量问题。

这些年来，凯伦大幅度地扩展她的生意，从事有机咖啡的进口买卖。她的公司为伊兰有机公司（Elan Organic Inc.），坐落于美国加州的圣地亚哥。之后，她仍然持续辅导山区的居民从事有机农耕，以取得认证，改善生活。2008年，有一家公司（Inter American Coffee）买下伊兰有机公司。

由于大部分的有机咖啡都采取遮阴种植，凯伦进一步和史密斯候鸟中心（Smithsonian Migratory Bird Center）与QAI（Quality Assurance International，一家有机农产品的认证机构）完成策略合作，使得认证人员能同时检查遮阴种植与有机种植，更保证咖啡的质量。不过，要提醒一点的是：有机咖啡通常采用遮阴种植，但是并没有硬性规定有机咖啡一定是遮阴咖啡。

以美国市场而言，从墨西哥进口的有机咖啡最多，其次为秘鲁的有机咖啡。

遮阴咖啡（Shade-Grown Coffee）

咖啡属于茜草科，为常绿灌木，其原始品种不耐高温、又怕霜害；不过，它仍需要适度的阳光，因此生长于高大的树木底下，受其遮阴，为树林里的中间层。遮蔽树在夏天可抵挡阳光直接照射的高温，在冬天则可抵挡冷霜与寒风，这样就形成一个保温层，为咖啡提供理想生长环境。

但是，遮阴咖啡的产量较低，采收工作较难，不符合企业管理的效率标准，于是早有人研发出无需遮阴的咖啡品种。1970年，叶锈病入侵巴西的咖啡园，并迅速蔓延到中美洲，研究者认为是遮阴树引发的疾病，于是加速无遮阴咖啡种植的推广。他们引导农民砍除旧种，换植新种。因此，一些珍贵的铁毕卡（Typica）与波旁（Bourbon）旧种纷纷消失，被卡杜拉（Caturra）、卡杜艾（Catuai）或卡帝莫（Catimor）等新种所取代。其中，哥伦比亚咖啡联合组织（Colombian Coffee Federation）更是积极，还研发出名为哥伦比亚（Columbia）的新种，广植于该国。因此，到了1990年，无遮阴咖啡已占哥伦比亚咖啡市场的69%，在哥斯达黎加也占有40%市场份额。

⊙ 遮阴种植保护自然环境

但是，单一种植容易用尽地力，因此无遮蔽的咖啡树通常只能生产12至15年，生命便告终止；并且在地力耗竭之后所生产的咖啡并不会有好的风味。反之，遮蔽树与咖啡树共存共荣，可以生长到30年以上，甚至更久。

此外，咖啡树是森林里的中间层，它使土壤不致外露，扮演着水土保持的重要角色。而且，咖啡树可吸收穿过大树的阳光，物尽其用，其果实可作为飞鸟走兽的食物，而落叶与动物的粪便又可当作肥料回馈土地。因此，从农林学的角度来看，咖啡本来就是自然生态中的一环，也只有以自然方式种植的咖啡才会有平衡的风味。

从农业经济学的角度来看，遮阴树与咖啡树的混合种植对农民较为有利。中美洲的咖啡园大都以香蕉树为遮阴，因此农民有双重收入，一靠香蕉，一靠咖啡，若咖啡遭遇病虫害，至少还有其他收入，以保障生活。

由于符合自然环境的生态，遮阴咖啡是一种荣誉的标志，因此包装袋上会标注

♦ 砍掉一片树林的无遮阴种植

Shade-Grown字样。在市面上，遮阴咖啡也像有机咖啡一样，定价较高。

⊙ 遮阴咖啡的认证

截至目前，还没有一个公认的标准，定义什么是遮阴咖啡。但是，世界上已经有若干个非营利组织以关怀生态的动机，制定出一些标准，供从业者遵守。而且，他们还推动认证与标示制度，让消费者可以直观看到遮阴咖啡。目前，这些组织之中以史密斯候鸟中心（Smithsonian Migratory Bird Center）、雨林联盟（Rainforest Alliance）与UTZ组织最为活跃，也最受信赖。

史密斯候鸟中心对于通过认证的咖啡，会核发一个亲鸟标志（Bird-Friendly Label），其标准概述如下：

- 遮蔽树应该至少包含10种以上的不同树种。

- 正午时候的遮阴面积至少占40%。
- 主要遮阴树的高度至少为10米，不可混杂部分较低矮的树种。
- 不得大量修剪遮阴树的侧枝，亦不得移除其附生植物。
- 道路与水道的边坡应该维护并处于良好的状态。

◆ 亲鸟标志

◆ 雨林联盟认证

公平交易咖啡（Fair Trade Coffee）

20世纪40年代就有公平交易的观念，即付出合理的价格向产地购买农作物，避免中间商的剥削，以保护农业与农民的家庭生计。

⊙ 公平交易咖啡的先驱

1988年，咖啡的价格暴跌，许多农民受害，促成公平交易咖啡认证的诞生。当时荷兰的一些咖啡烘焙者积极推广公平交易，进行认证，给合格者核发麦克斯·赫维拉（Max Havelaar）的标志。后来，荷兰的 Max Havelaar 标志为咖啡产业所接纳，并转化成为公平交易咖啡的标准。

◆ 公平交易认证标章

1997年，公平交易标志组织（Fairtrade Labeling Organizations International，简称FLO）整合麦克斯·赫维拉的相关机构，成为世界性的组织，目前有19个分支机构对 24 个国家进行发证，其网址为 http://www.fairtrade.net。在美国的成员机构原来称作 Trans Fair，现在叫作 Fair Trade USA（http://www.fairtradeusa.org），也是相当活跃。所以，公平交易咖啡的认证制度起源于欧洲，渐渐推广到美洲地区。该组织对农民与进出口交易商进行认证，近年来成效卓著，在欧美国家经常可以看到公平交易的标志。如今，公平交易的认证制度不仅涵盖咖啡，还推广到巧克力（可可制品）、茶叶、香蕉、糖、稻米、鲜果、蜂蜜与果汁等产业。

目前，已有为数可观的咖啡生产合作社获得FLO的认证，以中南美洲最多。民众对公平交易咖啡也相当认同，每年均有超过10%的销售增长。目前，公平交易咖啡的销售以欧洲最多；若以国家而言，美国、英国、德国、法国与荷兰都相当不错。2002年，日本亦销售了9.6吨，领先亚洲地区。从2003年起，在我国台湾开办的星巴克也开始贩卖公平交易咖啡。

⊙ 星巴克的加入如虎添翼

2000年的4月，世界知名的咖啡公司星巴克与美国的公平交易机构（那时称为 Trans Fair，为世界公平交易组织 Fair Trade 的一员）宣布策略结盟，该公司开始销售公平交易咖啡。

如今，消费者已经可以从各地的门市与该公司的网站（http://starbucks.com）买到这种咖啡了。近年来，该公司大力倡导"星巴克共爱地球"计划，采购越来越多，成为全世界最大公平交易咖啡豆的采购者。根据"星巴克共爱地球"计划的宣传折页，该公司"计划在2015年前，可以实践咖啡豆100%都符合保护环境与道德采购的原则"。

⊙ 公平交易有利于生态保护

公平交易组织辅导乡间农民成立产销合作社，直接将咖啡豆卖给世界各地的进口商，以避免中间商的剥削。这样，农民的收入经常是以前的两倍，甚至三倍，但对最终消费者却不会增加价格上的负担。收入足够的话，农民自然愿意留在乡村，照顾土地，生养儿女，世世代代都接受教育，我们才能有好咖啡喝。

从另一个角度来看，农民更愿留在乡村，照顾土地，对环境生态的帮助不少。因为参加这个组织的农民，几乎全是小户，还在使用遮阴法种植，他们的土地是一片自然生态的景象。根据统计，至少80%以上的公平交易咖啡农民是不使用化学肥料与杀虫剂的，而且仍旧采取遮阴种植，他们的土地正是一片混合的树林，符合自然的生态。根据统计，52%的公平交易咖啡也同时是经过认证的有机咖啡（Organic Coffee）。

生态咖啡的认证

以上三种机制是针对有机咖啡、环境保护与社会责任做功能性的认证。另外，国际上还有一些组织，对生态的永续经营（Sustainability）进行综合认证，范围涵盖农业经营、社会责任与环境保护。在咖啡的领域里，我们经常看到雨林联盟与"UTZ CERTIFIED Good Inside"的标志，指的是经过这两个组织组织认证通过的生态咖啡。

雨林联盟（http://rainforest-alliance.org/）成立于1987

年，总部设立于美国的纽约市。该组织的创办人为丹尼尔·卡茨，原是一位环境生态作家，至今仍然参与运作，他们的宗旨在于保持生态的多样化与环境的永续经营。对于通过认证的商品或机构，该组织会发给一个绿色的徽章，上面有一只绿色的青蛙与"RAINFOREST ALLIANCE CERTIFIED"的字样。

UTZ组织（http://www.utzcertified.org/）成立于2002年，原始的标志为"UTZ Kapeh"。2007年，改用新标志为"UTZ CERTIFIED Good Inside"。

生态咖啡的认证标准多样化，涵盖的范围也很广泛，大致上可归类为三个层面：

1 农业与企业的经营（Agricultural & Business Practices）。

2 社会责任的标准（Social Criteria）。

3 环境保护的标准（Environmental Criteria）。

对事业的核查、记录的保存、员工的安全、受雇者的训练、土壤的保持、减少化学肥料的使用、杀虫剂的正确使用、能源的节约、使用本地树种作为咖啡的遮阴树等，都在他们的认证标准范围内。

Chapter 6

精选咖啡的烘焙方法

咖啡之所以被人们喜爱,关键在于烘焙后所形成的香气与饮用时的口感,因为咖啡生豆本身并没什么特殊的味道。"烘焙"就像魔术,将生豆内部的物质进行转变与重组,形成新的结构,以浓烈香醇的风味,成为人类心灵、思想的燃煤。

发现烘焙

埃塞俄比亚人最早发现咖啡,但是刚开始的时候只知道嚼食种子和树叶。13世纪初期,据说沙兹里(Al-Shadhili)发明了烘焙法,并将烘焙豆研磨成粉,煮出人类的第一杯咖啡饮料。

沙兹里幼年勤奋读书,竟至失明。他曾经流亡埃及,最后死于途中。他的信徒也以托钵僧的方式,苦行于阿拉伯半岛。于是,咖啡在不知不觉中跟着传播出去。那些苦行僧最远曾到达西班牙,至今那里还存在着沙兹里教团(Al-Shadhiliyah)。在阿尔及利亚,点一杯沙兹里,就是买一杯咖啡的意思。

阿拉伯人最早知道咖啡的烘焙几乎已是公认的事情,因此会有沙兹里的传说。不过,也有人认为这可能只是一个不经意的发现。据说,古时也门或埃塞俄比亚的农民在炊煮食物时,砍一些咖啡树枝当作薪柴燃烧,竟然在无意间发现火烤后的咖啡豆会发出奇特的香味;再经过有心人的注意与后续的发展,渐成今日烘焙咖啡的原型。所以,咖啡的烘焙可能只是偶然的发现,这种说法已被许多咖啡历史学家接受。

烘焙的工具：烘焙机

商业烘焙机主要分为3类：直火式、半热风直火式、热风式，目前以后两种的应用情形最佳，是精选咖啡市场上的主流。

⊙ 直火式

人类最早使用的烘焙工具，都是直火式，即用火烤热滚筒，再传热给筒内的生豆。虽然马达不停地转动滚筒，翻搅筒内的咖啡豆，企图让每粒咖啡豆都能平均地接触到炙热的铁壁，达到均衡烘焙的目的，但是，这种烘焙方法有几项缺点：

· 铁的导热速度不快，必须花费较多的时间来完成烘焙。

· 火烧滚筒的外部，热气却消散于空中，未能善加利用，实在可惜。

· 当生豆碰触滚筒内壁过久时，容易被烧焦，造成苦味与焦味。

· 烘焙时有许多碎屑进出，留在筒内易附着在咖啡豆的表面，将使风味变得混浊。

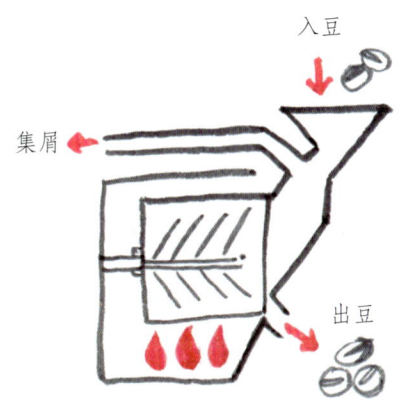

◆ 直火式烘焙机结构图

⊙ 半热风直火式

1870年～1920年之间，德国人范·古班（Van Gulpen）几乎将一生投注于滚筒式烘焙机的改良与制造事业上，留给后人许多启迪。在他的一项发明中，即提到将热空气带进烘焙中的咖啡豆。1907年，德国制的Perfekt烘焙机便开始引进这种观念，它使用煤气加热，并有一个空气泵，将热气一半带进滚筒内，一半带到外围烧烤滚筒。至今，德国的滚筒式烘焙机仍执业界之牛耳，该国的波罗拔（Probat）滚筒式烘焙机名满天下。一般而言，烘焙机使用煤气或电力作为热源。美国爱达荷州（Idaho）的迪瑞克公司（Diedrich）于1987年率先使用煤气启动的红外线热源（Gas-Infrared），使温度控制得更为精准，颇获好评，是美制烘焙机的第一品牌。

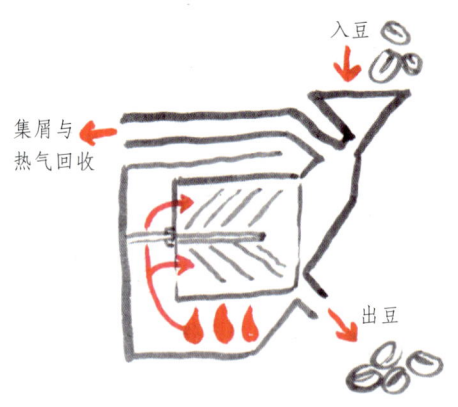

◆ 半热风直火式烘焙机结构图

现今的滚筒式烘焙机几乎全是半热风直火式，一面以火源直接烤热滚筒，一面将热风带到滚筒内；吹进滚筒内的热风可提升加热速度，又可吹走碎屑，因而生产出均衡又干净的咖啡豆。由于各家的结构设计不同，且都各自标榜自己的设计最好，因此，了解咖啡的烘焙原理才是最重要的；同等级但不同厂牌的烘焙机，并不会造成太多差异。

⊙ 热风式

过去，人类都在用火直接烹煮食物，所以直接用火烘焙咖啡豆被视为理所当然。到了20世纪，竟然有人想到用热风烘焙咖啡豆，真是创举！用热风烘焙咖啡豆，少了铁的阻隔，热源更能直接传给生豆，提高烘焙效率。

1934年，美国的柏恩斯公司所制造的瑟门罗烘焙机（Jabez Burns Thermalo），即是一种大型的热风式机种，至今美国仍有一些大型的烘焙厂在使用该公司所制造的烘焙机。

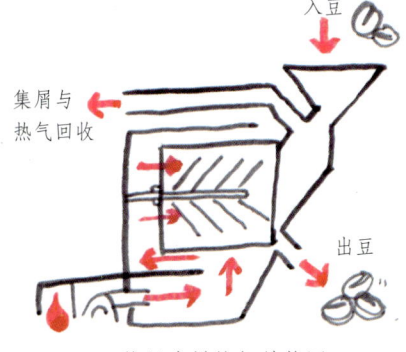

◆ 热风式烘焙机结构图

⊙ 风床式烘焙机（Fluid-Bed Roaster）

热风式烘焙机的结构仍然采用滚筒式设计，借由滚筒翻动生豆，以达到均衡烘焙的目的。但是，早有人想到利用热风直接吹动生豆，让它上下飘动。1976年，美国人麦可·施维兹（Michael Sivetz）设计出风床式烘焙机（Fluid-Bed Roaster）。他在一个密闭的容器内，让热空气由下往上吹，使生豆在容器内上下飘动，直到烘焙完成时，才倒出容器外的冷却盘，进行冷却。目前，麦可·施维兹是气床式烘焙的鼓吹者，在美国精选咖啡协会的网站上，经常可看到他的评论。

澳大利亚的知名咖啡专家伊昂·柏思坦（Ian Bersten）也有类似的设计与制造，他所营销的烘焙机（Roller Roaster）也有相当的知名度。柏思坦曾经发表过一本巨著《咖啡浮起茶沉落》（*Coffee Floats, Tea Sinks*），描述咖啡的发展史，并有许多珍贵的图片，是咖啡世界中的重要文献。

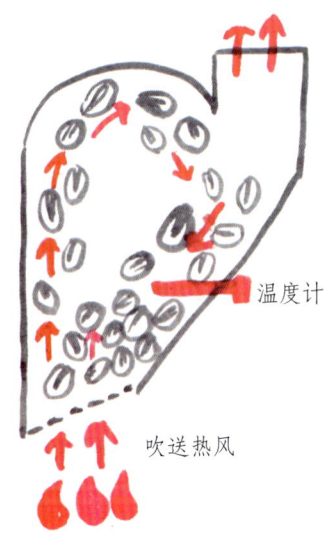

◆ 风床式烘焙机结构图

在一般的烘焙过程中，豆内的水分被蒸发得越来越少，重量也变得越来越轻。若使用这种烘焙机，重的豆子会较快落下，再度接受热风的烘焙，如此反复上下，即能烘焙出均匀的咖啡豆。不过，由于缺乏金属滚筒的焖烧，有人总认为少了一种味道。

烘焙是什么

基本上，咖啡的烘焙是一种高温的焦化作用（Pyrolysis），它彻底改变生豆内部的物质，产生新的化合物，并重新组合，形成香气与醇味。这种作用只会在高温的时候发生，如果只使用低温，则无法造成分解作用，不管烘多久都烘不熟咖啡豆。

一般人以为烘焙没什么，只是用火将生豆烤熟而已。事实上，在咖啡的处理过程中，烘焙是最难的一个步骤，它是一种科学，也是一门艺术，所以，在欧美国家里，有经验的烘焙师傅享有极受尊重的地位。烘焙的过程可分为以下3个阶段：

1 烘干

在烘焙的初期，生豆开始吸热，内部的水分逐渐蒸发。这时，颜色渐渐由青绿转为黄色或浅褐色，并且银膜开始脱落，这时可闻到淡淡的草香味。这个阶段的主要作用是去除水分，约占烘焙时间的一半。由于水是很好的传热导体，有助于烘熟咖啡豆的内部物质，所以，虽然目的在于去除内部的水分，但烘焙师却善用水的温度并妥善控制，使其不会蒸发得太快。通常，水分最好控制在10分钟时全部到达沸点，转为蒸气，这时，内部物质充分烘熟，水分也开始蒸发，冲出咖啡豆的外部。

2 高温分解

烘焙到了160～180℃左右，豆内的水分会蒸发为气体，开始冲出咖啡豆的外部。这时，生豆的内部由吸热（Endothermic）转为放热（Exdothermic），出现第一次爆裂声（Crack）。在爆裂声之后，又会转为吸热，这时，咖啡豆内部的压力极高，可达2.5兆帕。高温与压力开始解构原有的组织，形成新的化合物，造就咖啡的口感与味道；到了190℃左右，吸热与放热的转换再度发生。当然，高温裂解作用仍持续发生，咖啡豆由褐色转成深褐色，渐渐进入重烘焙的阶段。

3 冷却（Quenching）

咖啡在烘焙之后，一定要立即冷却，迅速停止高温裂解作用，将风味锁住。否则，豆内的高温仍在继续发生作用，将会烧掉芳香的物质。冷却的方法有两种，一为气冷式，一为水冷式。气冷式需要大量的冷空气，在3～5分钟之内迅速为咖啡豆降温。在专业烘焙的领域里，大型的烘焙机都附有一个托盘，托盘里还有一个可旋转的推动臂（Agitator）；在烘焙完成时，豆子自动

送入托盘,此时托盘底部的风扇立刻启动,吹送冷风,并由推动臂翻搅咖啡豆,进行冷却。气冷式速度虽慢,但干净而不污染,较能保留咖啡的香醇,为精选咖啡从业者所采用。水冷式的做法是在咖啡豆的表面喷上一层水雾,让温度迅速下降。由于喷水量的多寡很重要,需要精密的计算与控制,而且会增加烘焙豆的重量,一般用于大型的商业烘焙。

⊙ 为何会有爆裂声

生豆由吸热转为放热时,内部的物质冲出体外,会形成明显的声响。这种声响会有两次,一次发生在180℃左右,另一次在210℃左右;第一次较大声,清脆而分散,第二次较小声,细碎而集中。

由于爆裂声与温度的高低关系密切,能充分代表烘熟的程度,是师傅判断烘焙度的重要依据。

◆ 哈亚咖啡三上出先生观察咖啡豆烘焙的程度

◆ 咖啡豆烘培时的温度变化

	第一次爆裂声		第二次爆裂声
	160 ℃	190 ℃	210 ℃
吸热	放热	吸热	放热

精选咖啡的烘焙方法

| 1 | 2 | 3 | 4 | 5 | 6 |
| 7 | 8 | 9 | 10 | 11 | 12 |

◆1 将咖啡豆倒入不锈钢的容器中，准备烘焙
◆2、3、4 烘焙机上有样本取勺、温度计、窗口供烘焙师仔细看顾
◆5、6、7 取样本勺抽出部分样本查看烘焙程度
◆8 准备取出咖啡豆
◆9、10 出豆
◆11 推动臂（Agitator）推动咖啡豆加速冷却
◆12 在托盘上冷却

⊙ 烘焙所造成的变化

烘焙所造成的变化是很复杂的，虽有科学家不断地研究分析，仍无法窥知全貌。其主要变化如下：

· 失重：烘焙之后，水分蒸发殆尽，含水率由13%左右降至1%。而且，银膜脱离，部分物质在高温下挥发，所以，咖啡豆会失重12%～21%，烘焙度越高，失重越多。

· 体积膨胀：烘焙后，咖啡豆的体积会增加60%左右。

· 细胞孔放大：生豆的细胞壁坚硬，细胞孔闭锁，所以不易变质。但是在烘焙之后，细胞壁变得很脆弱，用手指便可以压破，用磨豆机则可以将它磨成粉状。并且，细胞孔放大，很容易流失内部的物质。

· 形成二氧化碳：高温分解作用使得咖啡豆内部的碳水化合物发生分解，并结合其他物质形成大量的二氧化碳，驻留在咖啡豆的内部。

· 改变组织与结构：根据科学家的研究，烘焙会改变咖啡内部的组织。其中，碳水化合物从58.9%剧降到38.3%，酸性物质（脂肪酸、奎宁酸与氯酸等）从8.0%降为4.9%。在高温裂解作用之下，这些物质发生重组，转变为焦糖、二氧化碳与一些可挥发性物质。其中，焦糖占烘焙豆质量的25%，形成咖啡的甘味；而脂质（Lipids）原占生豆中的16.2%，在烘焙后则提升为17%，是醇味与稠感的来源。咖啡因的含量在烘焙前后几乎没有变化，有人以为重烘焙的咖啡较苦，咖啡因较多，这是不正确的。

⊙ 烘焙的程度

各地区的烘焙习惯略有不同，也有不一样的分类方式。在太平洋区，很多人用以下方法来区分烘焙的程度：

- 极浅烘焙：还留有青草味，但无香味、醇味可言。
- 肉桂色烘焙：咖啡豆呈肉桂色。
- 中度烘焙：还有强烈的酸味。
- 中高度烘焙：酸味、苦味与甜味开始达到平衡。
- 都会烘焙：烘焙到第一次爆裂声后，刚要进入第二次爆裂声。
- 全都会烘焙：烘焙到第二次爆裂声正在进行时。
- 法式烘焙：咖啡豆呈深褐色，苦味甚强，有些重口味的人偏好此味。
- 意式烘焙：适合作为意大利浓缩咖啡的原料。

以上所讨论的烘焙程度是不是很易混淆、越看越糊涂呢？有时候，甲公司的"都会烘焙"竟然不等于乙公司的"都会烘焙"，对此连专家都感到无奈。

为了建立共通的标准，美国精选咖啡协会（SCAA）已经发展出一项分类标准。这项标准由8块咖啡色的瓷砖所组成，颜色由浅入深，代表8种烘焙度的标准，提供给烘焙者作比对之用。

这个标准的诞生应归功于卡尔·史塔柏（Carl Staub）。他是一位物理学家，发明了一种叫作"艾宠（Agtron）"的仪器，以红内线（Near-Infrared）测量咖啡的颜色与糖类焦化的程度。

如今，史塔柏已将他的发明发展成艾宠公司，坐落于美国内华达州的雷诺市，每年都有许多烘焙师到他那里学习所谓的"科技烘焙"，而这台仪器似乎也成为烘焙厂的标准配备。

美国精选咖啡协会收集了54个会员烘焙商的样本，以艾宠仪器判读与分析。他们将黑色设为0，白色设为100，介于其间的明暗则分为8个等分，代表8个烘焙等级。然后，依据这8个等级的颜色制成8块瓷砖，作为比对的工具。当然，也有大型的烘焙厂直接购进这种仪器，作为质量管理与研究分析之用。

这项分类标准见右表，英文名称看起来有些复杂，即使翻译成中文也无济于事，但如果只记数字，就显得简单多了，数字越小，表示烘焙度越高。

烘焙程度编号	烘焙度名称
95	Very Light
85	Light
75	Moderately Light
65	Light Medium
55	Medium
45	Moderately Dark
35	Dark
25	Very Dark

精选咖啡与商业咖啡的烘焙有何不同

除了品种的不同之外，精选咖啡的烘焙方法也与商业咖啡不同。精选咖啡一定会遵守下列4个原则，缺一不可。

⊙ 按咖啡豆的属性决定烘焙方法

精选咖啡各有特色，值得单品鉴赏，所以很少做成综合咖啡。因此，如何依特性烘焙，便是一门高难度的艺术。

精选咖啡的烘焙师傅会事先研究各种豆子的属性，包括含水率、硬度、年份，并经过样本试烘与试喝，最后才决定豆子的烘焙度。而且火源的控制也不一样，有时大火，有时小火，为的是将各种咖啡豆的特性表现出来。

⊙ 小量烘焙

大量烘焙不容易让锅内的每一个角落都有相同的温度，较难将每一粒咖啡豆都烘焙得一样熟。所以，为求均匀的烘焙度，精选咖啡都采用小量烘焙。

台湾的烘焙

在台湾地区，大致分为浅焙、中焙与重焙三种，虽然没有统一的衡量标准，却可看出下列特点：

- 浅焙：涵盖极浅烘焙与肉桂色烘焙。
- 中焙：介于中度烘焙与都会烘焙之间。
- 重焙：全都会烘焙以上。

⊙ 师傅全程看顾

前面已经谈过，咖啡的烘焙过程中会有二次爆裂声；由于爆裂声与温度的关系密切，能充分代表烘熟的程度，是判断烘焙度的重要依据。因此，精选咖啡的师傅都会全程看顾，不断地注意温度与时间的变化，并倾听爆裂声与观察颜色的改变；而商业咖啡通常只设定目标温度，由人工或计算机操作来停止烘焙。

⊙ 烘焙后立即交货

通常，精选咖啡从业者都采用订单生产，依照订货数量烘焙，并立即交运，即所谓的Deliver at The Same Day of Roasting。精选咖啡的零售商也常见自店烘焙的模式，现焙现卖，不会有太久的存货。

温度时间比的曲线烘焙法

前面讨论过,精选咖啡的烘焙应由师傅全程看顾,那么,具体看什么一定要有所依据,以提供给师傅作为参考,才不至于盲目烘焙。这个依据就是温度与时间比的曲线图,它来自于过去的经验与长期的记录,以决定每种咖啡最佳的烘焙时间与温度的变化;而后每次烘焙这种咖啡时,便由师傅参考最佳曲线,在过程之中精准控制温度。这样,同一种咖啡的每一次烘焙就能产出一致的风味,并接近既定的最佳质量。

举例来说,下图表是哥斯达黎加豆的一个烘焙曲线图,为某家咖啡公司长期记录的结果,因此,烘焙师傅便按下列的程序来进行烘焙:

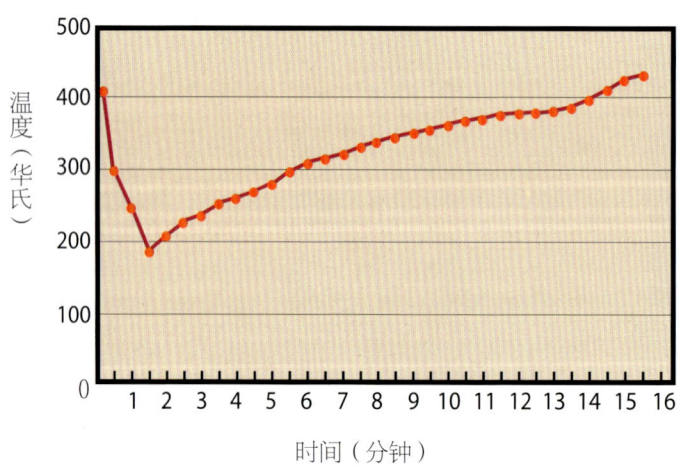

哥斯达黎加豆烘焙曲线图

1 预热烘焙机至210℃：倒入生豆开始烘焙，并设为低风量（专业烘焙机都会有风量大小的控制功能），目的在于去除豆内的水分。这时生豆的温度较低，会将锅内的温度拉低到100℃左右，然后开始回升。

2 到了135℃／4.5分钟时：看到生豆的颜色开始转黄，将风量设为最大，目的在于吹走碎屑；若未加强风量，则咖啡油质析出，黏住碎屑，很难再吹走，会形成污浊的咖啡。

3 约在160℃／6分钟时：切换为中风量。

4 到了160℃~180℃时：第一次爆裂声开始，将风量转为最大，目的在于充分回收热风，尽快达到目标温度。爆裂声渐大时，可适度调降火力，延长第一爆与第二爆之间的时间。因为这时候咖啡豆正在散热，锅内的温度上升速度变快，若不控温，很快会有第二爆，使得第一爆与第二爆混在一起。

当然，烘焙师在过程中必须不断地观察温度，高于曲线时应将火力关小，低于曲线时则应将火力转大。如此，将温度控制到游走于曲线之上，才能烘焙出风味前后一致的咖啡。同时，每次的烘焙都要做记录，事后进行测味，修正烘焙曲线；长期下来，累积成珍贵的烘焙档案（Roasting Profile），依据它来决定最佳的烘焙曲线。

精选咖啡的烘焙方法

Chapter 7
新鲜的咖啡才是精选咖啡

经常有人问:"什么咖啡最好?"笔者的回答一定是:"新鲜的咖啡最好。"就像海鲜料理一样,现捞的新鲜鱼虾一定比较好吃。咖啡在烘焙完成后,只能保存1~7天的新鲜度,之后就开始走味,只留下苦味,而没有香醇的口感。所以,新鲜的咖啡才能算是精选咖啡。

烘焙后的"内部发展"

咖啡豆经过烘焙之后,内部会产生大量的二氧化碳,每公斤约有5~12升,并在内部形成很大的压力(约为2~2.5兆帕),我们称之为"内部发展"(Internal Development)。这样强大的内部压力迫使二氧化碳快速地释出体外,而它所释放的二氧化碳将形成一层肉眼看不到的保护层,阻绝空气中的氧气,减缓氧化,留住咖啡的香醇。

起初只有香气,口感偏酸;4~12小时后,酸味渐除;刚出炉的咖啡味道还没形成,3~10天之内是风味的巅峰,香醇并具,口味丰富;再之后苦味越来越多,香味逐渐挥发散去。

然而,在二氧化碳释放的过程中,会一并带出内部的一些优良物质,而且可挥发的物质也会不断地挥发散失。这种自然衰败的现象,不是阻绝空气所能够停止的,所以,尽管再好的包装技术,也不能有效地保存咖啡的新鲜。因此,新鲜的咖啡应趁早享有才好!

谁在破坏咖啡的新鲜

⊙ 氧化：好咖啡的第一号杀手

水果切开之后，很容易遭受氧化；同理，咖啡豆在烘焙之后也很容易氧化。咖啡豆在烘焙之后，内部会产生大量的二氧化碳，这些二氧化碳贮藏在细胞内外，形成保护层，隔绝氧气，减缓氧化；可是，随着时间一天一天过去，这些二氧化碳会逐渐流失，渐渐失去保护咖啡豆的功能。

刚开始时，二氧化碳释出的速度很快，几天后才会逐渐慢下来；约10天之后，大约可释出50%的二氧化碳；60天之后，则会流失约90%，此时，咖啡豆的内部将再也无法流出二氧化碳来保护自己了。

由于二氧化碳具有抗氧化作用，因此我们常在媒体上看到一些报道，说喝咖啡可以防止人体老化。此种说法虽无法证实，但喝咖啡能活跃思维，这点早已被大家所认同。

另外值得一提的是，咖啡豆经过研磨之后，细胞壁会完全被破坏，此时二氧化碳也会在几分钟之内完全流失，而使得咖啡粉开始遭受无情的氧化。因此，研磨咖啡一定要赶快喝掉！而这也是精选咖啡专卖店只卖咖啡豆而不卖咖啡粉的原因。

⊙ 挥发：好咖啡的第二号杀手

咖啡豆经过烘焙之后，内部会产生数百种新的化合物，形成香味。不幸的是，优良物质的沸点都很低，这些化合物都很容易挥发。

近年来,市面上出现单向透气阀(One-Way Degassing Valve)的包装技术,说能使袋内的二氧化碳流出,阻隔氧气流入,因此能保持咖啡的新鲜,被称作"保鲜袋"。它的效果虽然不错,但是挥发所引起的自然衰败是怎么也抵挡不了的。

⊙ 水解:好咖啡的第三号杀手

烘焙豆的含水率1%以内,而且细胞孔放大,很容易吸潮,甚至还有人将不用的咖啡豆放在冰箱里,当作除味剂。吸潮之后,咖啡豆的内部将发生水解作用(Hydrolytic)。

有机化合物的水解特征,通常是借由酸或碱来提高化学变化的速度,偏偏咖啡豆内又含有大量的酸性与碱性物质(咖啡因即是一种生物碱),因此,水解作用是必然会发生的。

华南地区的相对湿度平均在76~84度之间,山区的湿度更高,咖啡的含水率在短时间内会升高到12%以上,形成不小的负面影响。

⊙ 光害:好咖啡的第四号杀手

光线是催化作用的触媒角色,能提高咖啡氧化的速度,加速咖啡的败坏。在一些发达国家,可以发现他们的咖啡包装袋都是不透光的,显然相当了解光的破坏性。然而,国内经常有商店以透明的塑料袋包装咖啡,甚至在一些高级的咖啡馆里也常见以透明密封罐装咖啡豆的情形,殊不知光线会破坏咖啡的质量。

⊙ 出油：好咖啡的第五号杀手

在高温烘焙之后，咖啡豆内部的脂质会趁机流到细胞孔的出口处，使得表面呈现一层薄薄的油光。脂质是醇味的来源，应相当珍惜它的存在，不过，咖啡豆存放太久之后，脂质容易接触到水分子，会加速氧化作用，使其腐败。

油脂是有黏性的物质，出油太久容易将咖啡粉凝结成块状，在冲煮时会妨碍热水的浸透，造成冲煮不全的现象，从而降低咖啡应有的风味。尤其在冲煮意大利浓缩咖啡时，结块所造成的负面影响更大，它使高压的热水无法穿过咖啡粉，只能从旁边的细缝贯穿而过，造成冲煮不均的情况。

如何保存咖啡豆

在了解咖啡豆烘焙后的内部变化之后，我们不难找出以下几种适当的保存方法：

⊙ 善用二氧化碳的密度

就气体而言，二氧化碳的比重高于空气。因此，在同一个密闭空间里，二氧化碳会沉淀在底部，而空气则会飘浮在上层。明白这个道理之后，在选择容器或包装袋时，就能判断出它的适用性。

⊙ 使用直立型密封罐

依此理推，新鲜咖啡豆所释出的二氧化碳会贮留在容器的底部，形成抗氧化层，借以保护咖啡豆；并且，容器最好能直立放着，以防止罐内或袋内的二氧化碳流失。由此可见，直立式、瘦高型且开口向上的容器较适合用来保存咖啡豆。

⊙ 使用长匙捞取咖啡豆

二氧化碳的比重较空气高，因此会沉积在容器的底部。当拿取咖啡豆时，切忌用倒的方式，否则容器里的二氧化碳将会被倒掉，再生势必会很难。正确的做法应该是使用长匙，伸到容器底部捞取豆子，如此才不至于使二氧化碳快速流失。

⊙ 使用不透光的罐子

光线是氧化作用的催化剂，不透光的罐子能减缓氧化的速度。

⊙ 使用真空罐

市面上的真空罐越来越多，价格也相当便宜。这种罐子都会附有一种装置，即用拉的或用按的方式，可以将罐内的空气抽光，形成真空状态。真空状态表示没有氧气与水气，储存咖啡豆最适宜。

⊙ 放在凉爽干燥的地方

高温容易挥发掉咖啡的香气与咖啡豆内部的优良物质，所以，咖啡罐应尽量避免放在高温环境，最好置放在凉爽干燥的地方。

咖啡豆可以放在冰箱里存放吗？

10天之内的新鲜咖啡豆，因为豆内的物理化学反应还在进行之中，不适合放在冰箱里。之后，冰箱里的低温可以减缓咖啡的自然败坏，是不错的储存处所。但是，冰箱内的环境却有不少状况，必须设法排除，才能有效地保护咖啡豆；否则，将会产生适得其反的效果。由此可见，使用冰箱保存咖啡豆，似乎没什么必要性，而且有些麻烦，若您真的需要使用冰箱作为保存的处所，请注意下列事项：

· 冰箱里的空气是冷而干燥的，容易蒸发豆内的水分，使香味流失；再加上冰箱里的杂味太多，所以用真空罐来保存咖啡豆较适合。

· 咖啡豆刚从冰箱拿出时，因为豆子的温度太低，会凝结空气中的水汽，在表面形成小水珠。经研磨之后，这些水珠会将咖啡粉结成块状，造成冲泡不均匀的情形。所以，咖啡豆应在使用前才从冰箱拿出，捞取一部分之后，尽快将真空罐放回冰箱，并迅速研磨及冲煮咖啡。若是整袋咖啡豆不再放回冰箱时，应该在使用前1小时先取出，在室温下恢复正常温度之后再开封。这样，咖啡豆的表面较不会凝结水珠。

· 另外，由于咖啡烘焙之后，其内部的变化仍在进行中，如果将刚出炉的豆子放进冰箱里，反而会中断风味的形成。所以，新鲜的咖啡豆不适合放在冰箱里。不新鲜的咖啡豆，例如20天以上的，倒是可以考虑放入冰箱的冷藏室存放。

新鲜的咖啡才是精选咖啡

咖啡保鲜袋

既然新鲜度很重要，那么如何保持新鲜度就变成一个很关键的课题。约在1980年，美国宾夕法尼亚州的Fresco公司发明了单向排气阀（One-Way Degassing Valve），为大家提供了很大的便利。

单向排气阀粘贴于咖啡袋的上方，我们称之为保鲜袋，它让新鲜烘焙豆所释放的二氧化碳气体能够排出袋外，但是袋子外面的氧气不会进入袋子里面。现在，保鲜袋已经相当普遍，消费者可以在较好的烘焙豆咖啡袋上，用手指感觉一下，有一个类似圆形纽扣的东西，那就是单向排气阀。

⊙ 单向排气阀的好处

新鲜烘焙豆所释放的二氧化碳气体很多，每公斤可达5～12升，会撑破咖啡袋。过去，从业者只好在烘焙之后让咖啡豆静置较长的时间，排出较多的气体，这样时间与空间都是成本，会造成一种负担。

也有从业者用针偷偷在咖啡袋上刺一个小洞，让气体排出。但是，这样会使外部的氧气进入袋内，无情地氧化咖啡豆，破坏其新鲜度。

有了单向排气阀之后，业者可以提早装袋，又可保

持咖啡豆的新鲜度，满足精明消费者的需求。

⊙ 开封后尽快喝完才是上策

不过，单向排气阀无法解决所有问题。第一，咖啡豆的自然衰败一直在发生之中，即使在保鲜袋里也一样；第二，消费者打开保鲜袋之后，单向排气阀的作用就不存在了。因此，保鲜袋并非万灵丹药，开封后尽快喝完才是上策。

咖啡豆烘焙DIY

美国与日本近年来兴起小量烘焙咖啡豆的热潮，市面上出现不少家用烘焙机，使得自己烘焙咖啡豆变成相当简单的事。目前的家用烘焙器大致上可分为3类：直火式、热风式与滚筒式。虽然这些都不是很精密的专业机型，但只要操作得当，所烘焙出来的咖啡豆还是相当好喝的。笔者自己烘焙咖啡豆已达20年以上的时间，总认为自烘的还是比外面随意购买的咖啡好喝。就如同自己炒一盘新鲜的蔬菜，或蒸一条新鲜的鱼一般，其滋味之鲜美胜过宴会里的大菜，而且还增添几分情趣。咖啡豆烘焙器具大致可分成以下几种：

⊙ 直火式：陶瓷烘焙器或平底锅

直火式的器具最简单，可以是平底锅，或是日本制的长柄陶瓷烘焙器。陶瓷烘焙器略成封闭式,有焖煮的效果,能烘焙出滋味鲜美且口感复杂的咖啡。它的口味最自然,而且厚实,是笔者的最爱。现在,在日本以外的地区,也常可买到这种陶瓷烘焙器。至于平底锅,由于效果不佳,在此并不建议使用这种器具。

陶瓷烘焙器的烘焙方法很简单,首先将生豆放入锅里,然后手持长柄在煤气炉上不断地摇晃即可。烘焙者可以自己控制火力的大小,掌握烘焙时间。若您已经了解前述的烘焙曲线,也可以自己控制时间的长短,只是没有温度计的辅助,必须全凭感觉。

这种工具的缺点是没有热风吹掉银膜与碎屑,较容易有杂味;此外,它也没有冷却功能,烘焙后得将豆子倒入篮子里,自己用扇子或电扇来冷却,较麻烦些。不过,水洗豆的银膜与碎屑少很多,用这种工具烘焙水洗豆并不碍事。

◆ 衣索匹亚妇女用铁锅手工煎焙咖啡豆

⊙ 热风式:热风式爆米花机或热风式家用烘焙机

热风式爆米花机(Hot Air Corn Popper)本是用来做爆米花用的,却被咖啡玩家拿来烘焙咖啡豆。它的效果尚佳,曾经风靡一时;缺点则是没有收集碎屑的功能,热风吹得碎屑与银膜到处飞扬,事后须费工夫清理;而且,夏天时它的加热速度太快,约4~5分钟便可听到第一次爆裂声，水分并未完全蒸发，所以口感较不饱满，略微偏酸。

爆米花机一次可烘焙100克的生豆，不足或超出太多便无法烘焙。由于它没有自动停机的功能，使用时须在旁看顾，一旦分心或忘记，可能会烧掉整锅豆子，甚至引发危险。

根据爆米花机的原理，已有一些公司制造家用烘焙机上市销售，例如：Hearthware公司的I-Roast 2烘焙机、Nesco公司的专业烘焙机等。在咖啡风气较盛的地区（包含台湾），不难在咖啡专卖店或网站上买到这种机器。使用时只要放入生豆，设定烘焙度，按下启动钮即可，从烘焙到冷却均自动完成。

热风式家用烘焙机都有收集碎屑及冷却的功能，能产出干净的烘焙豆。理想的烘焙度设定应该是能判断温度，然后自动停止烘焙。不过，这些机器的烘焙度设定功能只是一个定时器而已，时间到了便自动切换到冷却阶段。由于冬天与夏天的气温相差很多，烘焙咖啡所需的时间也不同，在设定烘焙度时可能会相差一个刻度以上。

使用热风式家用咖啡烘焙机的注意事项

- 通常最多只能烘焙半杯的生豆，请依照说明书的指示，放入适量的咖啡豆。若重量超过太多，热风吹不动生豆，无法烘熟。若重量不足，生豆会卡在死角，同样无法烘熟。
- 室温的影响大，夏天的烘焙时间短，冬天则长。
- 爆米花机通常没有时间控制钮，请就近看顾，避免忘记时间造成不良影响。

◆ 长柄陶瓷烘焙器　　◆ 滚筒式家用烘焙机　　◆ 爆米花机　　◆ 家用烘焙机

⊙ 滚筒式家用烘焙机

　　传统的烘焙机都是由火源烧烤不停转动的滚筒式。这种烘焙方式具有焖烧的特性，会使咖啡豆的风味较老成，口感较饱满，与陶锅的效果相似。目前，市面上已有多款滚筒式家用烘焙机，在网上很容易买到，例如Behmor、Hottop、Gene Café、Tiamo等公司都有出品。Hottop的烘焙机有若干种款式，一般消费者可选用基本型，价格较低。购买滚筒式家用烘焙机的注意事项如下：

- 有无降低烟雾的功能；
- 有无自动冷却的功能；
- 有无处理碎屑与银膜的功能；
- 有无设定程序的功能（pre-programmable）。

使用滚筒式家用烘焙机的注意事项

· 滚筒式家用烘焙机通常对生豆的重量相当敏感，因为它必须利用生豆所形成的温度与火源的温度共同达成烘焙曲线。因此，生豆太多或太少都无法产生适当的温度，使得烘焙无法达到应有的标准。

· 烘焙的油烟容易在内部形成油垢，应经常进行清洁工作。

小型自家烘焙咖啡店的兴起

　　以前的商业烘焙机都是大型的，它们的每批烘焙量少说都在10、25、50公斤以上，当然还有更大的。近几年来，小型咖啡烘焙机频频出现，它们的每批烘焙量为0.5～4公斤。而且有的设计得很好，既美观又实用，对小型咖啡馆而言，是工具也是良好的摆设。您只要上网搜寻"咖啡烘焙机"，不难找到若干个供货商。

　　由于越来越多的人认同新鲜咖啡的好滋味，且小型咖啡烘焙机的投资成本逐年下降，这使一些年轻人兴起自行创业的念头。因此，台北街头出现很多家小型自家烘焙咖啡店，预计还会更多。他们总是放一台烘焙机在店门口，旁边再放几袋咖啡生豆，卖咖啡饮料，也卖烘焙豆。

　　刚开始的时候，这样的小型自家烘焙咖啡店大多由年轻的咖啡玩家经营，其中有些店经营得不错，颇受好评。约在2009年，台湾出现小型自家烘焙咖啡店的品牌，该公司有部分自营，也有部分加盟店，到目前为止台湾地区已经有27家分店，应该还有增加的趋势。

自己烘焙咖啡豆好处多

新鲜对咖啡而言非常重要，但是如何才能找到新鲜的咖啡呢？

- 可以自己掌握咖啡的新鲜度；如果到店家购买，很难遇到如此新鲜的咖啡。
- 生豆的价格较便宜，约是烘焙豆的一半而已，所以自己烘焙还可省下一些钱。
- 生豆可以存放很久，不用太担心变质问题，不妨一次多买一些。
- 自己烘焙咖啡豆不仅有成就感，还可赠送亲友，与人分享。对爱喝咖啡的人而言，这是相当珍贵的。

COFFEE GRINDING

Chapter 8

精选咖啡的研磨

咖啡在冲泡之前,一定要将豆子研磨成细粉状,增加水与咖啡的接触面积,才能将美味萃取出来。但是,到底应该磨成什么样子?这一直是专家费心研究的问题。

精选咖啡研磨的基本原则

一般而言，好的研磨方法应包含以下4个基本原则：

1. 应选择适合冲煮方法的研磨度。
2. 研磨时所产生的温度要低。
3. 研磨后的粉粒要均匀。
4. 冲煮之前才研磨。

不管使用什么样的研磨机，在运作时一定会摩擦生热。前面已经一再强调过，优良物质大多具有高挥发性，研磨的热度会增加挥发的速度，让香醇之味先一步散失于空气中。

咖啡豆在研磨之后，细胞壁会完全崩解，这时与空气接触的面积会增加很多，所有保护新鲜的防线完全撤除，氧化与变质的速度变快，在30秒到2分钟之内就会使咖啡丧失风味。因此，笔者极力建议：不要买咖啡粉，最好买咖啡豆，且喝前才研磨，磨好则应赶快冲泡。

在磨豆机发明之前，人类使用石制的杵和钵研磨咖啡豆。国外有位医生曾经实验这种古老的工具，并与现代化的磨豆机做比较，据说还是用捣杵和石钵磨出的咖啡粉最能泡出香醇风味。依据逻辑推理，捣杵以撞击方式使咖啡豆自然裂开，不易破坏细胞壁，从而最能留住咖啡的优良物质。可是，现代化生活里的人们几乎已经不可能再使用捣杵与石钵来研磨咖啡了，因此，选择优良的磨豆机就显得格外重要。

均匀研磨的重要性

咖啡豆一旦磨得太细，水与咖啡粉的表面接触过多，会萃取出太多不必要的杂质，甚至连苦味都出来了；但若是磨得太粗，美味仍深藏在内部，热水无法碰触，所冲泡成的咖啡就没有足够的芳香之味。

冲煮意大利式浓缩咖啡时，一定要用力填压咖啡粉，使之对高压的热水产生阻力，才能真正萃取到咖啡的精华。所以，它对研磨度更为敏感，越均匀的研磨会使得填压后的咖啡粉越紧密，而且有较少的空隙，能对水产生均衡的阻力，如此才能成功地萃取一杯浓缩咖啡。

研磨之后粉粒的分布与咖啡的质量

咖啡豆经过研磨之后，成为粉粒状，粉粒的粗细与咖啡的质量有很大的关联。粉粒粗细越集中在目标的范围之内，表示研磨得越均匀，越能有好风味。若粗粒太多，煮不出深藏在咖啡豆内部的好滋味；若细粒太多，煮出的咖啡味道会太杂或太苦。因此，专家通常经过品测，确定最佳的研磨度，然后寻找优秀的研磨机，向他的目标迈进。

市面上的磨豆机大致上分为三种：

- 螺旋桨式磨豆机：使用螺旋桨式的平面刀片。

- 平面锯齿式磨豆机：使用锯齿式的刀片
- 锥体锯齿式磨豆机：使用圆锥体式的刀片

这三种磨豆机的研磨结果有很大的差异，其分布情形如右图。按照分布的情形分析，优劣顺序为：锥体锯齿式磨豆机、平面锯齿式磨豆机、螺旋桨式磨豆机。锥体锯齿式磨豆机所磨出来的粉粒粗细最集中，表示最好；平面螺旋桨式磨豆机所磨出来的粉粒粗细最分散，均匀度欠佳，表示最不好。

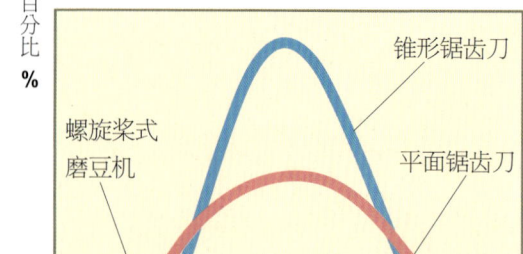

⊙各种研磨机的均匀度比较图

螺旋桨式磨豆机（Blade Grinder）

这种磨豆机是使用马达转动螺旋桨式的刀片，将咖啡豆削成粉末，难怪有人戏称它在"砍豆子"，而不是磨豆子。咖啡豆一旦被这种磨豆机砍得支离破碎之后，风味自然丧失不少。因此，并不建议使用这种螺旋桨式磨豆机。不过，因为这种磨豆机价格很便宜，且体积很小，不占空间，是狭小的住家与办公室的一项选择。螺旋桨式磨豆机包含以下几项缺点：

⊙ 研磨时形成高温

这种磨豆机相较于其他磨豆机来说，转速最快，与咖啡豆高速摩擦之后，容易形成高温。不信的话，您可以在研磨之后用手指碰触，随即可感受到它的高温。一般来说，芳香物质的沸点都很低，因此，这样的高温会迫使咖啡的香醇流失在研磨的过程中，而不是留在您的咖啡饮料中。

⊙ 研磨不均

这种磨豆机会将咖啡豆乱砍一通，所形成的粉粒不是太粗，就是太细，难以均匀。尤其在大量研磨时，经常砍不到上层的豆子，容易产生太粗的咖啡粒。

为了减少这些粗粒，可采用小量研磨，并以手拿着磨豆机，用拇指扣住上面的盖子上下摇晃，如此才能使叶片均匀地削到咖啡粒。

⊙ 形成块状

在磨豆的时候，高速运转的螺旋式叶片会使咖啡粉形成一个旋涡，但由于离心力太大，会使得过细的粉末结块，这些块状物将阻碍热水平均浸泡咖啡，造成萃取不均的情形。

⊙ 无法设定研磨度

这种磨豆机没有研磨度的设定功能，只好依据研磨时间来决定研磨度。一般的研磨时间约为10秒，适合滤压壶、滤泡杯与塞风壶。不过，浓缩咖啡需要极细的研磨，恐怕要磨到20秒以上，此时摩擦产生的温度会不断地挥发咖啡的香气，实在有些无奈。

⊙ 危险的开关设计

在设计上,螺旋浆式磨豆机通常都利用合上盖子的压力来启动开关,转动螺旋式刀片。在放豆子或清理时,若不小心压到开关,而手指又正好在刀片附近时,后果将不堪设想。所以,建议平时应将插头拔掉,磨豆前插上,用后立即拔掉,在处理与清洗时电源也应该处于中断的状态下。

平面锯齿式磨豆机（Burr Mill）

其实，磨豆机比咖啡机还重要，要花钱买好的咖啡机，还不如花钱买好的磨豆机。笔者着实建议使用"平面锯齿式磨豆机"，因为它能迅速而稳定地磨出均匀的咖啡粉。这种磨豆机已经相当普遍了，而且价格越来越低，一般家庭也买得起。

这种磨豆机的操作方法相当简单，只要遵照说明书上的引导就能轻松上手。一般而言，它会有二个设定功能，一是设定研磨度，一是设定研磨时间。研磨度大多以阿拉伯数字表示，数字越小表示研磨越细。有的更会清楚地标示各种冲泡方法的研磨范围，例如：Filter、Espresso。Filter的范围适合滴滤式与滤泡式的冲泡方法；Espresso则适合浓缩咖啡，而说明书上也会详细说明各种研磨度的适用情形。但是，这些说明与标示常常都不准，消费者应该多试几次，找到最适合自己品饮习惯的研磨度，然后将标准设定在这里，以后就可依照这样的标准来研磨咖啡豆。

这种磨豆机上面有一个漏斗形的容箱，盛装尚未研磨的豆子。时间设定越久，将有越多的豆子落入研磨机里，

◆ 平面式锯齿刀

自然能磨出越多的咖啡粉。由于容箱的保鲜效果并不好，建议尽可能量好一次的使用量，并且一次磨完喝掉，其他豆子则可保存在真空罐或保鲜袋里，待下次再拿出来研磨。

⊙ 选购锯齿式磨豆机的注意事项

就滴滤式与滤泡式的冲煮法而言，市面上的机种大都绰绰有余，但是，功率（Wattage）较高的磨豆机，研磨速率较快，咖啡粉停留在锯齿间的时间也较短，比较能在低温的条件下磨出咖啡粉。

大部分的机型都说自己能磨出极细的粉粒，提供冲煮浓缩咖啡。但是，许多低价磨豆机的效果很差，所磨出的咖啡粉不够细，在冲煮浓缩咖啡时，造成萃取不足，使得成品索然无味。所以，浓缩咖啡的爱好者应特别留意机器的精密度，确定它能磨出真正的浓缩咖啡粉；同理，精致的磨豆机能磨出较均匀的咖啡粉，让您冲煮出较好的咖啡。

锥体锯齿式磨豆机（Conical Burrs）

锥形的磨豆刀由两块圆锥体组成，锥体的表面布满锯齿，这两块椎体贴合之间的空隙，就是将咖啡豆研磨成粉的地方。锥形锯齿刀所产生的摩擦温度最低，也最能形成均匀的研磨，高价位的商用研磨机与手动式研磨机经常采用这种锥形锯齿刀。

咖啡工厂里的大型电动磨豆机大都采用锥体锯齿刀，效果很好。市面上的小型手摇式磨豆机也经常采用小块的锥体锯齿刀，能研磨出不错的均匀度，只是需要手摇，很是辛苦。但是，手摇式磨豆机磨不出很细的咖啡粉，它不适合浓缩咖啡。

手动式磨豆机通常在摇杆与主体之间，有一个环状的转钮，向下转可磨出较细的咖啡粉。这种磨豆机能磨出中度到细度的咖啡粉，但是不可能磨出非常细的粉粒，所以并不适合浓缩咖啡爱好者使用。

研磨度

就一般的消费者而言,在选购咖啡豆、磨豆机与咖啡机之后,只剩下研磨度和冲泡时间两个变量需要注意。其中,冲泡时间较容易理解,也较快可以找到窍门;但是,研磨度对咖啡质量的影响更精微,有着许多探讨的空间。粉粒由细到粗,研磨度的范围可分为以下几种:

· 土耳其式研磨（Turkish Grind）：适合于Ibrik壶,它最早发源于土耳其民族,欧洲南部的部分国家也常有人使用,在我国台湾地区这种冲煮方法很少见。

· 浓缩咖啡式研磨（Espresso Grind）：适合使用浓缩咖啡机,它对研磨度的精细更是敏感,将在其他章节（详见P153）详细讨论。

· 细研磨（Fine Grind）：适合摩卡壶或滴滤杯。

· 中研磨（Medium Grind）：适合滴滤杯与塞风壶。

· 粗研磨（Coarse Grind）：适合滤压壶。

笔者曾经前往美国受训，老师Robert Hensely（任教于美国精选咖啡协会）这样形容浓缩咖啡式研磨："看起来像粉，摸起来有颗粒的感觉。"我不妨将它定义得更清楚：30厘米外看起来像粉，摸起来有颗粒的感觉；在浓缩咖啡机的滤器内填压之后，表面可达到光滑平整的程度。

最近在欧美地区出现一种万用研磨度（Omnigrind），号称可适用于各种咖啡机。其实，它的研磨度介于细研磨与中研磨之间，只是模糊精准研磨的重要性罢了，并非"万用"。

若以肉眼来看这些研磨度差异并不大，消费者并不容易上手。在此建议您找一家可靠的咖啡专卖店，向师傅请教一下适合您的咖啡机研磨度，并现场研磨（店里的大型磨豆机通常较精准），用手指搓揉几下，感受粉粒的粗细情形，回家后多实验几次，这样一来就可获得最适合自己的研磨度了。

专家使用筛网（Sieve Analyzer）管理研磨的质量

　　专家们使用一种"筛网"严格监控咖啡的研磨度。依照筛网的网孔大小，分为若干型号，有12、14、16、18、20、30、35、40、45等数种。号码越大网孔越小，能将过细的咖啡粉筛除，降低咖啡的苦味与涩味。有些经验老到的师傅会使用28号以上的筛网，筛除过细的粉粒，然后用滴滤式或滤泡式的咖啡机，泡出清澈干净而又不苦的咖啡。

　　在设定好研磨度之后，即使是高价的精细磨豆机，在多次使用后也会出现走位的情况。所以，有经验的师傅会以各种筛网检测，若原来的标准设在中研磨，自然希望大部分的咖啡粉都留在24～28号的筛网上。

　　一般大型的商业咖啡公司也使用类似的方法，进行质量管理，只是筛子提升为电动筛选机，机内有数层筛网，号码按从小到大、从上向下排列。他们定期抽取样品，研磨后放入筛选机的最上层，经过强力振动之后，各种粗细的粉粒分别留在不同的网上，若原来的标准是中研磨，就希望大部分的咖啡粉都留在24～28号的筛网上面。

研磨度与筛网的关系

- 粗研磨：18~20。
- 中研磨：24~28。
- 细研磨：30~32。

Chapter 9

精选综合咖啡

综合咖啡是由两种以上不同豆子组合而成的咖啡,目的在于创造出新的风味或模拟既有的风味。调配综合咖啡是一种天分、艺术与创意的结合,并非只是将多种咖啡搅在一起。

精选综合咖啡的目的

精选咖啡的质量与风味甚佳,饮用单品似乎已经可以满足消费者的味蕾。不过,各种精选咖啡都各有各的特色,味道相互衬托,被专家调配出绝佳的风味。然而,在商业咖啡的领域里,综合咖啡的目的有时候在于加入滞销豆,降低库存的压力;或者组合出一种仿真味道,例如蓝山综合咖啡(Blue Mountain Blend Coffee),在这种咖啡里面可能完全没有牙买加蓝山咖啡。

知名的综合咖啡

综合咖啡的种类非常多，在此着重介绍以下几种：

⊙ 摩卡爪哇综合咖啡（Mocha Java Blend Coffee）

摩卡爪哇是最古老的综合咖啡，历久不衰，它的配方是也门的摩卡咖啡加上爪哇的阿拉比卡豆。在中南美洲咖啡大量进入市场之前的近百年时间里，欧洲只有来自阿拉伯人的摩卡咖啡与荷兰殖民地的爪哇咖啡。直到现在，将这两种豆子组合在一起的历史已经超过300年。各家的配方略有不同，1/3:2/3、4:6及5:5都有人使用。

过去的也门咖啡大多由摩卡港出口到欧洲，因此又被称为"摩卡咖啡"。由于知名度太高，"摩卡"之名被滥用，到处可以看到它的名字；附近区域的咖啡豆也常常被冠上"摩卡"之名，包括埃塞俄比亚咖啡。也门至今仍然使用古老的自然方法种植作物，手工采摘，并用阳光晒干果实（自然日晒法）。所以，精选也门咖啡的风味极佳，口感强烈，有厚实的醇度。

配方里的爪哇指的是印度尼西亚爪哇岛出产的阿拉比卡豆，该岛的咖啡树曾经感染过严重的叶锈病，因此大多转作罗布斯塔咖啡，只剩少数的农场保留阿拉比卡种。这些农场主要有政府经营的四大庄园：Jumpit、Blawan、Pankur与Kayumas，统称为爪哇庄园（Java Estate）。

⊙ 曼巴综合咖啡（Mandheling Brazil Blend Coffee）

台湾地区的消费者不偏好酸味，因此曼特宁与巴西咖啡广受欢迎。曼特宁以草菇味与中药味著称，一般都用较深的烘焙，味道不酸且偏苦味。巴西咖啡的口感顺滑，一般都是日晒法生产出的波旁豆，有牛奶味，油质较多，起着增加稠度的作用。各家的配方略有不同，6:4、5:5或4:6都有人使用。另外，由其衍生出的"黄金曼巴"是黄金曼特宁与巴西咖啡的综合物。

⊙ 家常综合咖啡（House Blend）

家常综合咖啡是从业者为了符合当地消费者的口感与习惯，自行调配而成的综合咖啡。它没有特定的配方，可能各家选用的咖啡组合并不相同。不过，家常综合咖啡很受欢迎，几乎各家都有。由于名为"家常"，经常被误认为是普通的咖啡，其实精选咖啡公司的家常综合咖啡通常都相当好喝，而且价格实在。笔者经常选购家常综合咖啡，用以分析该公司咖啡调配师傅的本事与哲理。

⊙ 挂有人名的综合咖啡

在精选咖啡的领域里，会看到挂着某人姓名的综合咖啡。这种咖啡通常是某位专家的配方，总是具有特殊的风味，而且大多人爱喝，才会一直流传下来，例如：皮特咖啡与茶公司的狄卡森综合咖啡（Peet's Coffee Major Dickason's Blend）。

据说，这个配方是狄卡森与皮特先生的共同创

意。狄卡森先生原是美国陆军退役中士（sergeant），也是皮特咖啡的忠实客户。有一天，他带着他的创意配方到店里，结果激发了皮特的灵感，稍加修改之后，成为风味独特的综合咖啡。为了彰显朋友的情谊，皮特先生将这个配方取名为Major Dickason's Blend。

几种咖啡豆的组合最适当

使用多少种咖啡豆来组合成最适当的综合咖啡始终是一个有趣的问题。有人使用高达6种以上的豆子，并沾沾自喜。笔者以实际的品尝经验与数学方法认为2～3种最恰当。我们要冲煮咖啡时，总是从一包咖啡豆里捞取一小部分，就综合咖啡而言，我们当然希望其中各种豆子的比例每次都一样，这样口味才会一致。但是，太多种的豆子的组合，每次捞取的结果中各种豆子的比例会有很大的差别。

⊙ **计算机软件随机抽样模型**

这种捞取的动作仿佛是一种随机抽样的过程，于是我们使用计算机软件做出一个随机抽样模型，来检视各种豆子的比例是否一致。模型的数据如下：

组别	内含咖啡豆种类	母体内的咖啡颗粒数	平均每种咖啡的颗粒数	抽样次数	每次抽样的颗粒数
A组	A、B两种豆子	3600粒	1800粒	5次	110粒
B组	A、B、C三种豆子	3600粒	1800粒	5次	110粒
C组	A、B、C、D、E、F六种豆子	3600粒	1800粒	5次	110粒

说明：
- 组别A、B、C三组模拟A、B、C三种综合咖啡，分别包含2、3、6种豆子。
- 母体都包含3600粒豆子，模拟1磅咖啡（约0.45公斤）。
- 每次抽样110粒，模拟冲煮一次Espressom约需要14克咖啡。

⊙ 随机抽样的结果

使用计算机软件仿真随机抽样，详细的数字结果如本文后附录，图表显示如图1、图2与图3，说明如下：

· A组：理论上各种豆子的比例应为50%（1/2），结果最大值为54.5%（超出理论值的9%），最小值为44.5%（不足理论值的11%）。

· B组：理论上各种豆子的比例应为33.3%（1/3），结果最大值为40.9%（超出理论值的22.8%），最小值为26.4%（不足理论值的20.7%）。

· C组：理论上各种豆子的比例应为16.7%（1/6），结果最大值为23.6%（超出理论值的41.3%），最小值为10.9%（不足理论值的34.7%）。

A组（两种咖啡豆）的落差在9%~11%之间，相当理想。B组（三种咖啡豆）的落差在20%左右，尚可接受。C组（六种咖啡豆）的落差可能超过40%以上，有太大的风险，如果您开了一家咖啡店，您的客人每次都可能喝到不一样的咖啡。

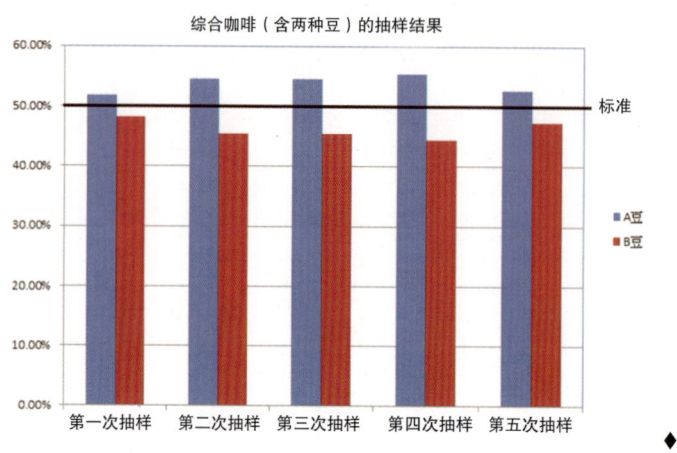

◆ 图1

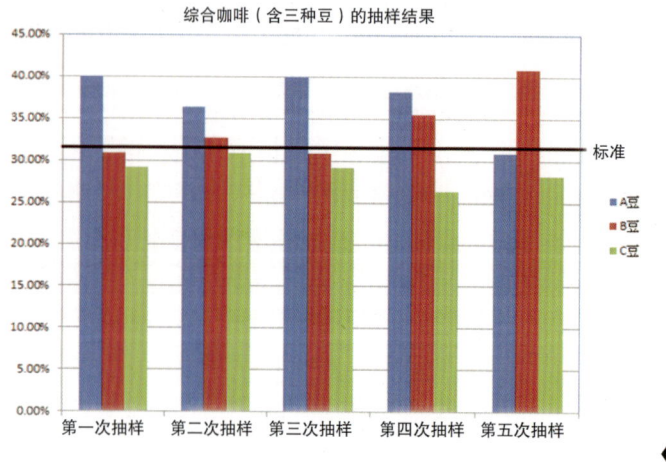

◆ 图2

邂逅一杯好咖啡

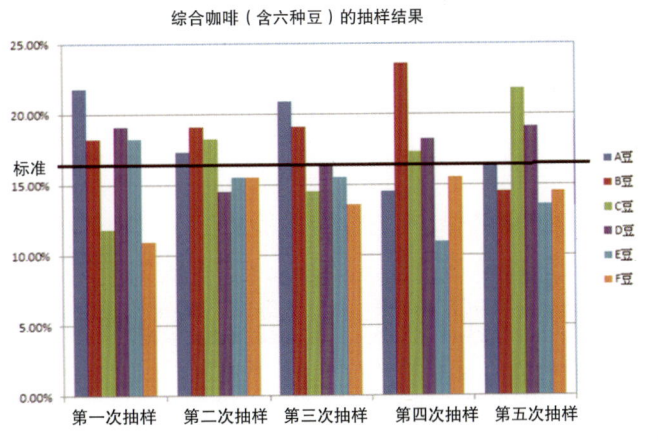

♦ 图3

⊙ 附录：

综合咖啡的随机抽样模型与抽样结果：

· 第一组：咖啡豆颗粒数：3600粒

咖啡豆种类：2种（A、B）

平均每种咖啡的颗粒数：1800粒

抽样次数：5次

抽样结果：（理论标准值为1/2=50%）

咖啡种类	第1次抽样	第2次抽样	第3次抽样	第4次抽样	第5次抽样
A豆	51.80%	54.50%	54.50%	55.50%	52.70%
B豆	48.20%	45.50%	45.50%	44.50%	47.30%

- 第二组：咖啡豆颗粒数：3600粒

    咖啡豆种类：3种（A、B、C）

    平均每种咖啡的颗粒数：1200粒

    抽样次数：5次

    抽样结果：（理论标准值为1/3=33.33%）

咖啡种类	第1次抽样	第2次抽样	第3次抽样	第4次抽样	第5次抽样
A豆	51.80%	54.50%	54.50%	55.50%	52.70%
B豆	48.20%	45.50%	45.50%	44.50%	47.30%
C豆	29.10%	30.90%	29.10%	26.40%	28.20%

- 第三组：咖啡豆颗粒数：3600粒

    咖啡豆种类：6种（A、B、C、D、E、F）

    平均每种咖啡的颗粒数：600粒

    抽样次数：5次

    抽样结果：（理论标准值为1/6=16.67%）

咖啡种类	第1次抽样	第2次抽样	第3次抽样	第4次抽样	第5次抽样
A豆	51.80%	54.50%	54.50%	55.50%	52.70%
B豆	48.20%	45.50%	45.50%	44.50%	47.30%
C豆	29.10%	30.90%	29.10%	26.40%	28.20%
D豆	19.10%	14.50%	16.40%	18.20%	19.10%
E豆	18.20%	15.50%	15.50%	10.90%	13.60%
F豆	10.90%	15.50%	13.60%	15.50%	14.50%

精选综合咖啡

Chapter 10

如何冲煮一杯好咖啡

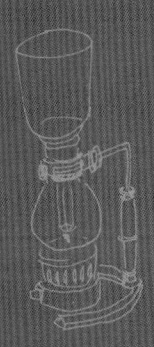

"冲煮"是制作咖啡饮料的最后一个步骤,精选咖啡的好质量更需要正确的冲煮技巧,才能让它的优良风味彻底展现出来。

萃取香醇的艺术

咖啡豆的新鲜度、研磨的粗细度、冲泡的时间与水（水质、水温、水量）都会影响一杯咖啡的成败，这些要领其实都不难掌握，只要养成习惯，融入生活里，您一定可以成为一位"咖啡艺术家"。

咖啡豆是一种非常复杂的东西，它的内部至少包含2000种以上的物质，至今科学家能够了解的只有700种左右，而且它们之间的相互关系更是谜团重重，无法完全以化学公式来表达，只有靠人类的感官与感情，用艺术的眼光才有办法窥探它的奥妙。

冲泡咖啡并不是要将这些物质全部萃取出来，因为有些物质的口感苦涩，不是我们所喜欢的；我们喜欢的是咖啡中的甜味、醇味、酸味与香味。

冲泡咖啡的艺术在于寻求最适当的条件，在芳香与苦涩之间取得最佳平衡点，将咖啡内部的可溶物质（Soluble Solids）萃取出来。

新鲜是好咖啡的基本定律

在前面章节里，已经讨论过咖啡新鲜的重要性，也认为唯有新鲜的咖啡才会好喝；如果使用不新鲜的豆子，即使专家也煮不出好咖啡。因此，新鲜绝对是好咖啡的基本定律。

其实，新鲜不但喝得出来，而且还看得出来。由于新鲜豆的内部有大量的二氧化碳，在热

水冲煮时会迫使气体膨胀,排出细胞之外,所以膨胀与泡沫便成为新鲜度的指标。以下举几个例子来说明:

・使用滴滤杯冲泡咖啡:当热水与咖啡接触之际,咖啡粉会膨胀起来;越是新鲜的咖啡,膨胀得越厉害,这是新鲜度的明显标志。

・使用塞风壶冲煮咖啡:当热水上升到上壶浸泡咖啡时,同样会使咖啡粉膨胀得很厉害。移开火源之后,咖啡液体会流向下壶,这时,新鲜的咖啡会有很多泡沫(约一半的液体流入下壶时出现),而且干净清澈。虽然泡沫的时间不长,但看起来相当舒服;若您使用不新鲜的咖啡,将很难看到这么多美丽的泡沫。

・浓缩咖啡(Espresso):浓缩咖啡上面有一层克立玛(Crema),是只有新鲜的咖啡才能形成赭红色的细沫,而且是厚厚的一层,久久不散。

水量与咖啡

咖啡粉与水量的比例多少最恰当？这一直是大家意见最不相同的问题。但是各有各的偏好，很难有定论。美国人一般的标准为 1∶15 到 1∶20 之间。不过，日本人则偏好 1∶13 到 1∶18 之间，即 10 克咖啡使用 130~180 毫升 的水。

冲煮之后，滤纸（或滤布）与咖啡粉会吸走一些热水，20 克的咖啡粉大约会吸走 35~40 毫升的热水。若依照这个比例换算，粉量与咖啡液体的比例会落在 1∶11.25 到 1∶16.25 之间，即 10 克咖啡粉冲煮出 112.5~162.5 毫升 的咖啡饮料。

在台湾地区，日本 Hario 公司的塞风壶销售得不错，很多人都曾经喝过它煮出来的咖啡。Hario 塞风壶的装水壶标有水量刻度：2 杯、3 杯，仔细测量之后，发现它建议的水量也是 260 毫升 与 390 毫升，即平均使用 130 毫升 生水冲煮 10 克的咖啡粉，也是 1∶13。

因此，滤杯或塞风壶都用 1∶13 比较适合一般的民众。口味偏淡者，可调降为 1∶15。笔者的口味偏重，自己使用 1∶12。关于浓缩咖啡的用水量，另有定义，请参阅 P157。

◆ 花莲卡姐的手冲咖啡

水质与咖啡

一杯普通的咖啡里,水的含量超过98%,所以,水质的好坏相当重要。专家都认为,硬度略高又不会很高的水最适合泡咖啡,因为水中的矿物质能与咖啡的内部物质发生反应,产生较好的口感。

含氧量高的水也相当适合冲泡咖啡,因它能提高咖啡的风味。一般来说,新鲜的冷水含氧量较高,加热过后再冷却的水含氧量则太低。因此,建议冲泡咖啡还是使用新鲜的冷水来加热为宜。

蒸馏水是纯水,几乎不含其他矿物质,与咖啡内部的物质没什么交替作用,所泡出来的咖啡虽有芳香,却不具口感;矿泉水虽含有较多的矿物质,但是各家的水源不同,含量也相距甚远,不见得样样都适合泡咖啡。如果想用矿泉水泡咖啡,建议您不妨多试几种,找出最适合冲煮咖啡的品牌。

咖啡的冲煮工具

咖啡机是冲泡咖啡的器具,虽然有多种形式,但其实每种咖啡机的冲泡原理都很相似,建议您仔细了解每一种方法(不要因为您只有一种咖啡机,就只关心那一部分),融会贯通之后,才能树立冲泡好咖啡的观念,并选择最适合自己的冲煮工具。以下大致归纳出3种形式的咖啡机:

· 滴滤式:用水浇湿咖啡粉,让咖啡液体以自然落体的速度经过滤布或滤纸,流向容器里;事实上,它并没有浸泡咖啡粉,只是让热水缓慢地经过咖啡粉。滴滤杯与电动咖啡机都属于这一类,是最简单的冲泡工具,能泡出干净且色泽明亮的咖啡。

· 滤泡式:将咖啡粉放入壶内,由热水浸泡一段时间,再由滤布或滤网过滤掉咖啡渣,形成一杯咖啡液体。塞风壶、滤压壶、比利时咖啡壶与越南咖啡壶等,都属于滤泡式的冲煮工具,它们都有浸泡过程,所以具有比较丰富的口感。

· 高压式:利用加压的热水穿透填压密实的咖啡粉,产生一杯浓稠的咖啡,这类的工具有摩卡壶与浓缩咖啡机。

◆ 1.比利时咖啡壶
◆ 2.摩卡壶
◆ 3.拿不勒斯壶
◆ 4.水滴式咖啡壶
◆ 5.塞风壶
◆ 6.滤压壶
◆ 7.电动式咖啡壶
◆ 8.Espresso咖啡机

如何冲煮一杯好咖啡

滴滤杯

20世纪初期，欧美地区流行使用一种过滤壶，叫作Percolater，壶内的热水会上下循环过滤咖啡粉。但由于常常煮沸开水，又来回过滤若干次，因此造成过度萃取，使咖啡变得太苦。

⊙ 梅莉塔·班兹女士发明"滤纸冲泡法"

1908年，德国的梅莉塔·班兹（Melitta Bentz）女士突发奇想，发明革命性的"滤纸冲泡法"。她在金属杯子的底部打了一个洞，然后拿儿子的吸墨纸，铺在杯子的内缘，放入咖啡粉，再以热水缓缓冲泡；由于只萃取一次，因此冲出的咖啡芳香不苦涩。梅莉塔后来也推出许多冲泡器具，畅销全球，形成著名的梅莉塔集团（Melitta Group）。

⊙ 滴滤杯构造简单，能冲出纯净的好味道

这种滴滤杯的构造很简单，只有一个圆锥状的楔形容器，很像一只杯子；容器的内缘必须铺上滤纸，再放入咖啡粉，以热水冲泡即可。这种方法使热水与咖啡粉只接触一次，便落入杯子里，所以只会萃取到挥发性较高的物质，因此可以冲泡出气味芬芳、干净澄澈，且杂味最少的咖啡。

这种滴滤杯虽然构造简单，看起来不是很专业，但其实它所泡出来的咖啡相当清澈（Clear and Clean），很能展示咖啡的芳香与甜味。

由于滤纸过滤是一种渗透作用，咖啡中的胶质较容易遭滤纸隔绝，所以咖啡饮料的油脂与

醇味（Body）会比较弱。为了留住咖啡的醇味，有人干脆舍弃滤纸，改用铁质或塑料质的滤网，但是清洗的工作相对费事。最近，也有商店推出滤布，形状跟滤纸一模一样，可重复使用，但是清洗的工作相当费时。

⊙ 滴滤杯的冲泡原则

　　滴滤杯的冲泡方法很简单，在此不必详细谈述每一个步骤，因为讨论到此，您已经是一位咖啡专家了，只要特别注意以下几个原则即可：

　　·应使用新鲜的咖啡豆，并当场研磨。浇热水后，新鲜的咖啡粉会膨胀得很厉害，鼓起来像一座小山丘；若咖啡的新鲜度不够，则不会膨胀。

·冲泡前请先用热水空泡滤纸一次,用以祛除滤纸的化学味道,同时可以温杯。

·采用最适合自己的水量。

·热水的温度为92~95℃。

·使用细嘴水壶,越细越好。将热水以10%、30%、30%、30%的分量,分4次缓缓地浇在咖啡粉上面,而且每次都要均匀地涵盖到咖啡粉的表面,全部过程约2分钟。第一次的10%热水只用来浇湿咖啡粉,让细胞膨胀,细胞孔打开,等待后续的热水萃取香醇的物质;这个"预浸"的程序一定要做好,约15~20秒。如果使用大嘴的水壶,出水量太多,热水将迅速穿过咖啡粉,使得咖啡的浓稠度不足。

⊙ 滴滤杯选购须知

在选购滴滤杯时,最需注意的事项就是它的容量,也就是说要依照您的冲泡量选择最适合的杯子尺寸。若要冲泡2人份的咖啡,却选择可煮4人份的滴滤杯,那么容器里的咖啡粉太少,热水毫不留恋地迅速流过,滴落杯子里,这样就只能煮出一杯味道不足的淡咖啡;反之,若要泡4人份的咖啡,却选用2人份的滴滤杯,那么咖啡粉太厚,热水经过的时间延长,只能冲泡出一杯苦涩的咖啡。

⊙ 影响的变量与处理方法

若技术精准,手工的滴滤杯也能做出高雅而醇厚的咖啡,它必须依赖冲煮人掌握的几个变量:

影响的变量	说明	处理方法
室温	若未事先预热杯子,以92℃的热水冲煮20克的咖啡粉,结果经常得到一杯只剩70℃左右的咖啡饮料。冬天更惨,还会再少5~10度,已经是一杯冷咖啡了。	事先预热咖啡杯与滴滤杯。
水温	一般热水壶里的热水在2分钟会失温2.3~3.0℃。冬季时,失温的速率更快。	热水壶里的热水越多越好,可降低失温速度,趋近恒温。
烘焙度	重烘焙咖啡的细胞壁,几乎完全被破坏,热水比较容易进入咖啡细胞萃取物质,造成太复杂的口味。浅烘焙则细胞壁部分闭锁,造成口味不足。	重烘焙咖啡适合缩短冲煮的时间,浅烘焙则拉长一点。
研磨度	粗研磨咖啡的粉粒之间有比较多的空隙,水流变快,且咖啡与水接触的表面积变少,造成口味不足。反之,则口味太复杂。	粗研磨咖啡适合拉长冲煮的时间,细研磨则缩短一点。
咖啡粉量	咖啡粉量太多,水流慢,时间长,形成一杯冷咖啡。太少则水流快,时间短,萃取不足。	滴滤杯最适合一次冲煮两杯。

电动式咖啡壶

电动式咖啡壶的冲泡方法与滴滤杯很相似,只是浇水的过程完全由机器自行计算,决定喷水量与喷水时间。通常说明书上会详细记载它的规格,并叙述开机、关机、清洗与冲泡的方法,只要遵照产品厂家的建议操作即可。

选购适当容量的咖啡壶相当重要,也就是说要依照您的冲泡量来选择适合的机种,请参阅"滴滤杯选购须知"。

由于过于自动化,几乎不需要人为介入,所以很多人不怎么认同滴滤式的电动咖啡壶。其实,若咖啡的粉量适中,它也能煮出一壶很好喝的咖啡,探究其原因如下:

· 基本上它在一个密闭的空间里煮咖啡,味道不易流失。不像手冲式是在开放式的空间里冲泡咖啡。

· 选择好的品牌机种,它的喷水温度由机器控制,从头到尾趋近于"恒温"。不像手冲式水壶里的热水其实一直在失温。

根据笔者的观察,现在的电动壶大部分采用可抗高温的塑料滤网(不用塑料滤网的人也能使用滤纸),效果不差,它能留住咖啡的胶质与醇味,冲煮出醇厚的咖啡。所以,我们不用怀疑它的能力,顶多只是担心塑料制品与热水接触是否会衍生其他不良影响。

滤压壶（French Press）

滤压壶最能凸显咖啡原始与狂野的风味，一直是许多专家的最爱。星巴克的创办人鲍德温，在首度遇见现任总裁霍华·萧兹时，便以滤压壶冲泡一杯顶级的苏门答腊咖啡给萧兹品尝，而那股浓烈的香醇竟就这样深烙在萧兹的记忆里。这段"因缘"改变了萧兹的职业规划，也缔造了星巴克的咖啡王国。

⊙ 可冲泡出咖啡原始复杂的风味

使用滤压壶冲泡，由于直接以热水浸泡咖啡，并用铁网过滤，几乎把能萃取到的物质全部抽出来了，所以会形成一杯较混浊的咖啡，且风味很原始、很复杂。一般精选咖啡的质量优良，很适合这种冲泡方法，但是低劣咖啡的怪味也无所遁形。这种咖啡壶的结构最简单，相当适合旅行或野营时随身携带使用。

盖子

圆柱型玻璃容器

滤网

⊙ 铁网细致度决定一杯咖啡的好坏

铁网的细致程度是泡出一杯好咖啡的关键,好的滤压壶在多次推拉使用之后,铁网的边缘仍完好如初,与容器的内缘紧密贴合,咖啡渣不会偷溜到杯子里。另外,建议您使用泡咖啡专用的滤压壶,不要使用泡茶用的滤压壶,因为它的网眼可能较大,过滤不了较细的咖啡渣。由于滤压壶没有容量的限制,即使只泡一人份,效果也没有明显的差别。

滤压壶冲泡方法

滤压壶由一个圆柱形的玻璃容器与盖子所组成,盖子的中央有一个可以上下推拉的滤网,冲泡咖啡的步骤很简单:

1 先煮热水。

2 等待的同时,可倒些热水到玻璃壶与咖啡杯里,目的是"温杯"。

3 接着开始磨咖啡粉。这种冲泡法适合采用中度或较粗研磨,因为咖啡的粉粒较粗,很容易被滤网隔离,这样就能泡出较清澈的咖啡。

4 将玻璃壶内的热水倒掉。

5 放入咖啡粉,待热水到达92℃~95℃时,倒入热水。

6 用干净的汤匙搅拌一下,确定咖啡粉完全浸到水。若新鲜度良好的咖啡,咖啡粉会膨胀得很厉害,并且上层会形成一层泡沫。

7 浸泡4分钟后,将盖子上的滤网向下压到底。

8 将咖啡立即倒入杯子里,即可享用。

塞风壶（Syphon或Siphon）

大体而言，台湾地区的咖啡馆可分为两个体系：日系与浓缩咖啡系。前者大都使用玻璃制的塞风壶，后者则贩卖意大利式的浓缩咖啡。在欧美国家，塞风壶并不普遍；台湾地区因深受日本影响，塞风壶倒是很常见。尤其是咖啡师傅在吧台上舞弄着玻璃器皿，像是在进行隆重的化学实验，往往让消费者以为这是一种深奥的技巧，心生敬畏，认为这种冲煮咖啡的方式最好。

⊙ 塞风壶由苏格兰工程师发明

1840年，苏格兰工程师纳皮耶（Robert Napier）发明这种咖啡壶，后来由法国的瓦瑟夫人（Madame Vassieux）取得专利；1850年，英国与德国已经开始生产制造。目前以Cona公司所生产的塞风壶最有名，所以西方国家习惯将它称作Cona或Vacuum Pot（真空壶）。

⊙ 利用虹吸（Siphon）原理冲泡咖啡

在说明塞风壶之前，应先认识物理学上的虹吸（Siphon）现象。虹吸是一种曲水管，利用空气的压力，将甲容器内的液体移到乙容器里。塞风壶就是利用这种原理冲泡咖啡，所以也叫作"虹吸壶"或"真空壶"（Vacuum Pot），"塞风"则是直接音译的名称。

上壶
支架
下壶
瓦斯炉

⊙ 塞风壶构造略显复杂、操作较费时

塞风壶的构造略显复杂，它有上壶、下壶、滤网（冲泡时安置于上壶的底部）与支架（用于固定下壶）。上壶略成漏斗状，下缘的细管可插入下壶。冲泡时滤网应置于上壶的底部，即细管的上方。

⊙ 塞风壶可冲煮出具有稠感的咖啡

由于塞风壶的滤网是布制的，油质与胶质可以穿透，落入杯里，因此可以煮出具有稠感的咖啡，甚至在表面形成一层油光，所以第一口的感觉最厚。塞风壶同样的也较没有容量的顾虑，即使只泡一人份，效果也没有明显的差别。

塞风壶的冲煮方法

塞风壶的煮法有若干种，但是最重要的还是过程与温度的控制，建议您不妨采用下列步骤来冲煮：

1. 将适量的生水倒入下壶，开大火煮水。依据前述含氧量的原理，建议用生水开始煮。
2. 利用煮水的时间，将滤布挂进上壶，铺平；研磨咖啡粉，放入上壶，铺平。
3. 热水煮到连续冒小水泡（温度约为93℃），插入上壶。
4. 热水上升，冲过咖啡粉。热水全部上升后，切换小火。
5. 热水全部上升后，让它停留在上壶浸泡咖啡约50～60秒钟，这段时间可轻轻搅拌咖啡粉2～3次。
6. 关闭火源，以一个方向（顺时针或逆时针）搅拌上壶的咖啡2～3圈。
7. 使用冷毛巾包住下壶，让咖啡迅速回流下壶。
8. 小心取出上壶，完成。

⊙ 如何形成小山丘

很多书籍上都写道，留在上壶的咖啡渣要形成一个小山丘，才算是成功的冲煮，甚至许多咖啡师傅也都这么认为，因此，很多人总拼命想煮出一个小山丘。笔者则认为，这种说法可以相信，但不必过度迷信。因为上壶底部正中央部分是滤布的位置，若形成小山丘则表示咖啡粉大都留在滤布的正上方，较能发挥萃取功能。其实要形成小山丘的方法很简单，移开火源之后，当上壶的咖啡准备流向下壶时，只要用汤匙以一个方向（顺时针或逆时针方向）轻轻搅拌2～3次即可；待咖啡全部流入下壶后，您就会看到那座美丽的小山丘。倘若使用新鲜的咖啡豆，上面还会有许多晶莹剔透的小泡沫，像玻璃花开满山坡一样。

冷毛巾包住下壶是很好的方法

- 移开火源之后，可用冷毛巾包住下壶，加快冷却速度，利用热胀冷缩的原理，使咖啡形成压力萃取的效果。

- 这时虽然已经移开火源，但是下壶仍有很大的空气压力，顶住上壶的咖啡液体。用冷毛巾包住下壶，让咖啡液体迅速回落下壶，避免在上壶停留太久，造成过度萃取。

- 因为下壶直接受热，这时的温度很高，甚至比上壶还高，咖啡液体回落下壶后恐怕会遭遇更高的温度，挥发掉一些好风味。

摩卡壶（Moka）

20世纪30年代，意大利的比尔来第（Bialetti）公司开始大量制造与销售这种咖啡壶，并命名为Moka Express。从此大家习惯称之为"摩卡壶"，它与摩卡咖啡（Mocha）或意大利式摩卡（Caffe Mocha，在浓缩咖啡里加热牛奶与巧克力酱）并没有什么关系。至今，该公司所生产的铝制摩卡壶，呈八角形，造型十分典雅，仍为消费者所青睐。

⊙ 摩卡壶属于高压式煮法

摩卡壶由上壶、滤网与下壶组成，滤网位居上、下壶之间。冲泡时水置于下壶，咖啡粉则置于中间的滤网里；当下壶受热后，会产生水蒸气，形成约一个大气压的力量，将热水往上推挤，经过咖啡粉与壶中的细管，碰到壶盖之后便掉落在上壶里，形成咖啡液体。

因为它形成约大一倍的大气压力，所以将它归类为"高压式煮法"。另外，有人将它称作"手工的浓缩咖啡壶"（Manual Espresso）。对此笔者不敢苟同，因为它不符合浓缩咖啡的标准，而且煮不出那一层红褐色的泡沫（即Crema）。不过，它的确是一杯"带劲"的滴滤式咖啡，一直以来深受重口味的人偏爱。

摩卡壶的火源有两种，一种是直接置于煤气炉上加热，一种则是插电加热。加热时壶身与壶盖都很烫，应特别注意安全。

上壶
滤网
下壶（水）

⊙ 摩卡壶对冲煮容量要求极高

摩卡壶对容量非常敏感,一定要依照该壶的容量冲煮咖啡。若您有一台 2 人份的摩卡壶,则一次要煮 2 杯。如果只煮一杯,则咖啡粉的厚度不够,对热水所造成的阻力不足,热水将迅速贯穿,如此只能煮出一杯萃取不良的咖啡。比尔来第的摩卡壶有 1、2、3、6、9、12 与 18 人份的容量,购买之前应仔细考虑一下自己的需要。除了比尔来第之外,市面上有许多不锈钢制品,形形色色,大大小小,任君选择。

摩卡壶的冲煮方法

1　将新鲜的冷水倒进下壶,分量一定要适中。摩卡壶的下壶内缘有一条横杠标志,表示水位不可高于此处,否则,冷水将溢流到中层的咖啡粉里,从而破坏咖啡的芳香,并使填压密实的咖啡粉出现漏洞,热水将集中于此处通过,容易造成萃取不足。

2　请用深度烘焙的咖啡豆,采用细研磨,并将咖啡粉填装在中层的滤网里。这时,可将滤网在桌面上敲打几下,让咖啡粉中间没有空隙,更加密实;也可用汤匙底部或其他器具,用力压紧咖啡粉。这样,咖啡粉所形成的阻力够大,才能借由热水萃取咖啡内部的香醇。

3　用手指抹除留在滤网上方与外缘的咖啡粉,这样能使上下壶充分卡紧。一旦杂物卡在中间形成空隙,会使压力外泄,影响质量,甚至无法将热水推到上壶,结果是无咖啡可喝。

4　将上下壶用力扭紧,紧紧合在一起;同时,应保持下壶不会倾斜,否则冷水将溢流到中层的咖啡粉里。

5　启动火源,当下壶受热后,热水会被膨胀的热空气压迫,开始穿透中层的咖啡滤网流向上壶。起初的火源宜用小火至中火,大壶(例如:8人份以上)可用中火,以免加热的时间过长,小壶则应用小火,以免太快煮熟咖啡。

6　当听到汩汩的沸水声时(声音不大,宜注意听),表示热水已经开始穿透咖啡粉进入上壶,稍待一会儿即可熄火,并静置30~60秒钟,让余温继续将所剩的热水全部推到上壶。若您不确定热水是否已进入上壶,可打开盖子观察进水情形,但次数不宜太多。

7　不管大壶还是小壶,在水沸时都建议降为小火,免得热水穿透咖啡粉的速度太快,造成萃取不足,这样咖啡的味道会变酸。

8　待热水全部回流至上壶后,便可将咖啡倒入小杯子里,尽情享受。

Chapter 11

意大利式浓缩咖啡

Espresso是一个意大利语单词,有立即为您煮的意思。也许,翻译成"浓缩咖啡"并不见得合适,因此,在后面的单元里,将直接引用Espresso,不再使用中文译名。

什么是 Espresso

什么是Espresso？如果您问起，一定会得到许多不同的回答。的确，经过100年的发展，Espresso已经成为一种生活艺术。

⊙ Espresso是一种咖啡煮法

Espresso是一种利用科技来烹煮咖啡的方法，根据《Espresso的化学成分》一书的定义，它必须符合下列条件：

· 水的温度：如果水温太低，会造成萃取不足，咖啡内部的物质无法充分释放，如此只能煮出一杯风味不足、味道偏酸的Espresso；一旦水温太高，过度的萃取则会使咖啡产生苦味与涩味。

· 水的压力：一般的热水冲泡法，只能萃取咖啡内部可溶于水的物质，而Espresso却可进一步借由高压，萃取非溶于水的物质。高压将使咖啡内部的脂质（Lipophilic Substances）完全乳化，溶入水中，这是"醇味"（body）的主要来源。

【注意】乳化会使得Espresso的口感较为黏稠，让人喝起来有"如天鹅绒般轻滑细柔"的感觉；且由于黏稠会形成较低的表面张力，更能侵入味蕾，使香醇回荡于口腔之内，久久不散。

· 过滤时间：过滤时间的长短会影响出水量的多寡，Espresso以高压热水萃取咖啡的风味，约25秒即可完成任务（超过这段时间之后，所流出的液体已经没什么味道，只会稀释Espresso而已）。有人在超时之后仍继续让它出水，滴满一杯，形成Americano或Lungo，喝起来有类似炭烧咖啡的感觉。

咖啡粉的分量（一杯）	6.5±1.5克
水的温度（℃）	90±5℃
水的压力	0.9±0.2兆帕
过滤时间	30±5秒钟

⊙ Espresso是一种生活

在意大利，Espresso简直就是当地人的生活协奏曲。早晨起来，先喝一杯拿铁（Latte）；之后，人们喜欢到店里喝Espresso，大家都等在吧台前面，拿到第一手咖啡之后，三两口就喝掉了。店里的客人彼此相识交谈，连咖啡师傅（Barista）也参与聊天，咖啡馆因此变成联谊场所。

在美国及我国台湾地区，意大利式咖啡馆林立街头，那是年轻人约会聊天的地方。他们大都不喝Espresso，只喝加了牛奶的卡布奇诺或拿铁。这些年轻人多半不知道Espresso的美味，只是来这里见识Espresso气氛——或许，这也算是一种Espresso生活吧！

⊙ Espresso是一种综合咖啡

Espresso是一种综合咖啡的艺术，可让人穷其一生研究它的配方。因为高压热水的作用，很容易凸显单一咖啡豆的特质，而产生味道不平衡的Espresso。所以，各家咖啡公司都认真地研发自己的配方，甚至引以为傲。

一般而言，日晒法的咖啡豆较有醇味，而水洗法的豆子较有甜味；1～2年的新豆有活泼的酸质与口感，而陈年豆则沉稳浓稠。至于调配方法，难如编写音乐协奏曲，只有依靠老师傅的长期经验与自我实验才能调出正宗的Espresso，难怪咖啡师傅在意大利享有崇高的地位。

⊙ Espresso是一种烘焙方法

Espresso是一种烘焙的方法，您可在店里买到一包Espresso，指的是重烘焙的咖啡豆，适合冲煮成浓缩咖啡。在前面章节已经讨论过脂质的重要性，乳化后的脂质是醇味的主要来源，所以，Espresso经常采用重烘焙的方式，将脂质赶到细胞孔的出口处，而又不会大量溢出咖啡豆的表面；这时烘焙温度已超过200℃，差几秒钟就可能毁了整锅豆子。所以，烘焙度的掌握无疑是一门艺术。

⊙ Espresso是一种料理

由于Espresso的味道浓厚，加入牛奶或其他饮料也不会被稀释，所以各种添加物不胜枚举，可做成各式各样的咖啡，俨然已成为一种料理了。例如：将Espresso加入牛奶，可制成卡布奇诺（Cappuccino）或拿铁（Caffe Latte）；再加入巧克力酱，则成为咖啡摩卡（Caffe Mocha）；若只加入奶泡，则为玛琪雅朵（Espresso Macchiato）；另外，还可加入鲜奶油，制成康宝蓝（Espresso Con Panna）。

Espresso是20世纪的咖啡革命

一般而言,传统的咖啡冲泡只是依靠地心引力与热水而已;Espresso则使用人造的机器,产生加压的热水,并迅速萃取咖啡的物质,可说是20世纪的咖啡革命。

⊙ 世上第一台浓缩咖啡机

1901年,米兰的工程师贝瑟拉(Luigi Bezzera)发明了一种蒸气咖啡机,内部有一个盛水用的内锅,外部则配置多个像莲蓬头似的出水组件。冲煮咖啡时,先引流热水到咖啡粉的上方,并随即释放蒸气压力,使高压的热水穿过咖啡,直接流入杯子里,这就是Espresso的诞生。

1903年,帕凡尼(Desiderio Pavoni)所创立的帕凡尼公司取得这项专利,开始生产与营销。由于帕凡尼机器的造型奇佳,呈一颗大子弹形状,顶端有飞鹰装饰,是20世纪二三十年代的主流机种。至今,仍有许多老店及博物馆保留这种古典机器,供人瞻仰。

⊙ 活塞式的浓缩咖啡机

由于蒸气所形成的压力来源较不稳定,且穿过咖啡粉的速率较慢,容易形成焦苦的味道。因此,一位名叫赛的米兰人为蒸气式咖啡机加上了一个活塞(Piston),这个活塞由外部的杠杆操作,用来增加压力。

1946年,佳及雅(Gaggia)公司改良原本的杠杆系统,又添加一个弹簧设备。由于压力十足(约可产生10个大气压力),完全萃取咖啡内部精华所制造出来的Espresso,色泽浓艳,稠如奶油,上面还有一层赭红色的细沫,意大利人称作"克立玛"(Crema)。

⊙ 泵式的浓缩咖啡机

活塞式浓缩咖啡机的杠杆由人操作,有经验的师傅虽然可以精控微调,煮出优质的Espresso,但是一天数百杯下来,臂力实在不堪重荷。1961年,飞马(Faema)公司以泵取代活塞,产出第一台泵式的浓缩咖啡机,即著名的"飞马E61型"。

过去的浓缩咖啡机都是先将冷水加热,贮存于内锅,再抽取热水加压冲煮Espresso。但是,泵式浓缩咖啡机则抽取新鲜的冷水,立即加热后冲煮咖啡,从而酿成更棒的Espresso。

目前的机型大都采用热阻板,冲煮时可直接抽取冷水,在弯曲的管子里加热,以提高煮水的效率;在连续冲煮Espresso时,可连续供水,不须等待。但因它所提供的热水有前热后冷的情形,所以无法达到以恒温煮咖啡的理想状态。

如今,大部分的商用或家用浓缩咖啡机都采用体积小、效率高、压力稳定且相当耐用的泵式;其唯一的缺点是声音太大,容易让人误以为是机器故障。

如何选购家用浓缩咖啡机

浓缩咖啡机已有百年历史，上述三个形态的机种都还存在于市面上，只是体积越来越小，结构越来越精简。不论家用或商用，笔者建议最好选用"泵式"。

⊙ 电动蒸气式

现在，市面上仍有电动蒸气式浓缩咖啡机，它的体积最小，而且最经济，不明就里的人很自然会买它，但事后大都会后悔。

电动蒸气式的浓缩咖啡机以内锅煮水产生热水与蒸气，并由蒸气所形成的压力冲煮Espresso与制作奶泡。由于内锅在高温时不能加水，煮热水的时间又很长，因此，它的最大缺点是无法连续冲煮，而且水温太高总是烧坏了Espresso，又有蒸气不足、压力不够等问题，所以并不建议使用这种低价的机器。由于泵式的浓缩咖啡机越来越便宜，电动蒸气式的浓缩咖啡机已渐被淘汰，越来越少见。

⊙ 活塞式

活塞式浓缩咖啡机的价格较高，造型最美，是可以让老手们发挥专长与创意的机种。它由人工推拉杠杆，借由活塞产生压力，对老师傅而言，可凭着经验，精确地施加理想的压力；但是，对新手或不经常冲煮的人而言，反而有不知该施加多少压力的困扰。为让老手自行控制压力，这种家用机器大部分都没有加装动力弹簧（Spring-Loaded），直接以臂力启动活塞产生压力，在家里似乎不必这么辛苦地使用活塞式浓缩咖啡机。

⊙ 泵式

市面上的现代机种以泵式的最多,它借由泵产生压力冲煮Espresso;价格适中,美观坚固,最适合在家里使用。这种咖啡机的形式很多,价格变化很大,通常是一分钱一分货,低价的机器常无法煮出真正的Espresso,所以,选购时有几点特别提醒您注意:

1 铁制的大手把较佳。
2 滤器的圆周越大越好。
3 铁制的机身比塑料的好。
4 莲蓬头上应有扣座(Catch)可以紧紧固定手把。
5 喷气旋钮可以控制出气量的大小。
6 蒸气棒的出气孔以多孔的较佳。
7 附有填压器(Tamper)的较佳。

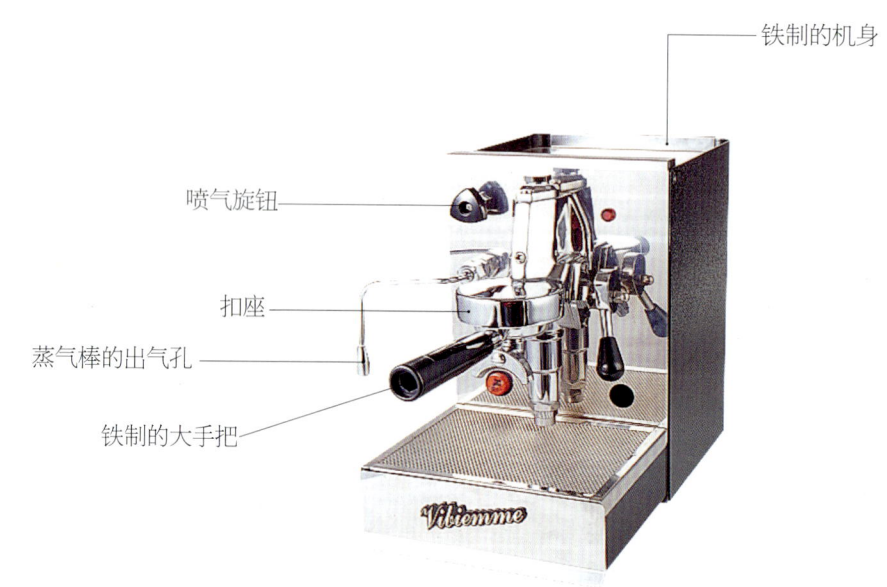

如何冲煮 Espresso

Espresso 的每一个冲煮步骤都是学问，必须充分了解其内涵，才能煮出一杯成功的咖啡。

Espresso 的冲煮步骤如下：

1. 开机，待可冲煮的灯亮起，才可开始冲煮。
2. 研磨咖啡豆至极细（看起来像粉，摸起来有颗粒的感觉）。
3. 最好一次研磨14克（冲煮2杯）。
4. 将咖啡粉装填到滤器里面，用手掌或汤匙沿上缘以水平方向扫除多余的咖啡粉。
5. 可将滤器垂直地在桌面上敲打若干次，增加咖啡粉的紧密度。
6. 使用填压器，用力将咖啡粉压平、压紧，并扭动手腕若干次，将咖啡粉的表面磨光。
7. 将手把扣上扣座，扣得越紧越好。
8. 按下冲煮钮，约25秒钟，流出1～1.5盎司，即可停止冲煮。

意大利式浓缩咖啡

Crema是Espresso成败的重要指标

一杯标准的Espresso约只有1盎司（约合28.3克），上面还覆盖着一层细细的泡沫，叫作"克立玛"。克立玛的泡沫越细致越好，很像一层有颜色的奶油，颜色为接近赭红的深褐色；倘若您看到的是一层金黄色的细沫，那八成是咖啡豆不够新鲜，这种Espresso没有稠感。此外，克立玛的厚度至少应占咖啡的1／10，而且能维持3分钟以上不会出现裂痕。

喜欢喝Espresso的人，都把克立玛看做是质量的指针。其实，它是由一大群小细沫组成的，而每一个小细沫的结构则是由一层水性薄膜包住二氧化碳。当然，新鲜咖啡内部的二氧化碳较多，用它煮成的浓缩咖啡也会含有较多的细沫，喝起来就会有"如天鹅绒般轻滑细柔"的感觉。水性薄膜内含有大量的水，会很快地释出，使薄膜因为无以支撑而破裂，细沫便也跟着消失。难怪意大利人总喜欢等在吧台前，在30秒之内就把那杯Espresso喝掉。

使用罗布斯塔豆配方的Espresso，很容易制造出赭红色的克立玛。虽然优质的罗布斯塔豆可提高Espresso的醇味，但是不当的使用反会产生略带腥味的咖啡。因此，好的Espresso一定有浓艳的克立玛，但有浓艳的克立玛却不一定就是好的Espresso。

Espresso的成功要诀

相较于其他咖啡的冲泡方法而言，冲煮Espresso的难度最高。不过，想得到一杯成功的Espresso，秘诀并不难了解。简单来说，您只要能了解Espresso的冲煮原理，就能掌握各种变量，成为一个称职的咖啡师！

⊙ 咖啡豆一定要新鲜

在Espresso的领域里，对咖啡豆的新鲜度更加敏感。因此，虽然前面单元已经再三强调咖啡豆新鲜的重要性，在此还是要针对Espresso的属性，再详细讨论一番：

- Espresso的克立玛由二氧化碳形成；新鲜的咖啡豆里含有大量的二氧化碳，才能制造出大量的克立玛，增加咖啡的浓稠度。
- 咖啡豆在烘焙完成后，会逐渐释放内部的二氧化碳，并带走优良的物质，剩下苦涩的口味。不新鲜的咖啡经由高压的萃取，更是苦上加苦，难以入口。
- Espresso的咖啡豆通常都采取重烘焙，很容易腐败变质；不新鲜的Espresso豆有严重衰败的缺陷。

⊙ 咖啡粉一定要强力填压

美国的咖啡名家修曼（David C. Schomer）在他的著作里把水说成"惰性的水"（Lazy Water）。的确，水是相当偷懒的，一遇到阻力，便立刻转向，冲向有裂缝或漏洞的地方。所以，将咖啡粉装填到滤器之后，一定要使用填压器用力将它填紧、填平，因为松散的咖啡粉不具任何阻力，只会让高压的热水从几处漏洞中流走，无法萃取每一粒咖啡粉里的精华。

⊙ 一定要采用浓缩咖啡式的研磨度（Espresso Grind）

基本而言，Espresso是利用高压的热水直接从细胞里挤出芳香的物质，不像滴滤式或滤泡式的冲煮方法，是利用热水渗透到细胞里，带出咖啡的风味。如果研磨得太粗，则咖啡粉接受热水的表面积就会变小，再加上Espresso冲煮时间很短（大约只有25秒钟），因此，将有许多咖啡细胞无法被萃取到。

另外，若研磨得太粗，即使用力填压，滤器里的咖啡粉仍然不够密实，会有许多空隙；这时，懒惰的水只会循此空隙溜走，不会认真地探访每一粒咖啡粉，当然也不会煮出好喝的Espresso。

⊙ 使用浓缩咖啡综合豆（Espresso Blend）

Espresso很容易突显单一咖啡豆的性质，产生不平衡的味道；但即使采用高级的单一咖啡豆，也不见得可以煮出好的Espresso。所以，Espresso的咖啡豆一定要由多种豆子综合而成。每一家咖啡店也因此都拥有自己的配方，并大力吹嘘一番，俨然一道招牌菜，是老师傅独门的秘密。

一般而言，专卖店里所卖的咖啡豆中，Espresso最便宜，因为它通常由低价或过剩的咖啡豆所组成，因此，想买到好的Espresso并不容易。若您在家自行烘焙咖啡豆，可以自己实验各种配方，找到最心怡的Espresso。

一般而言,日晒法的咖啡豆较有醇味,您可以选用埃塞俄比亚的摩卡哈拉(Harrar)、吉玛(Djima)、日晒法的西达摩(Sidamo)、也门的摩卡或日晒法的巴西豆;若不嫌贵,则可以配一些也门的马大利(Matari),保证醇味奇佳,余韵回荡许久。水洗法加工的豆子富有酸质,是甜味的来源,肯尼亚、危地马拉、哥斯达黎加、波多黎各、多米尼加与洪都拉斯的咖啡豆都不错,价格也相当平实。

⊙ 使用重烘焙的咖啡豆

通常Espresso都采用重烘焙的咖啡豆,一般称之为"Espresso烘焙"。这样能将生豆内部的脂质赶到细胞孔的出口处,让高压的热水可以充分地乳化它们,形成咖啡的稠度与醇味;同时,咖啡内部的醣类(Carbohydrates)经过高温烘焙之后,会转化为焦糖(Caramel),给人甜味的感觉。

⊙ 一次冲煮两杯

咖啡粉在滤器内经过填压之后,会形成一个扎实的饼状,可称之为Coffee Cake。若Coffee Cake太薄,阻力不足,热水将迅速通过,造成萃取不足的现象;若Coffee Cake太厚,则热水无法穿透,冲煮的时间会拉长,从而造成过度萃取的现象。

浓缩咖啡机的设计一般都以一次煮两杯为原则,所以滤器的厚度以煮两杯最合适,千万不要只用1人份的咖啡粉冲煮Espresso。有些机器会有两个滤器,供1杯份与两杯份之用,前者无论如何都煮不出好的单杯的Espresso。所以,即使只想喝1杯,建议还是用两杯份的滤器,一次煮2杯,另1杯另做他用。

正确的填压方法

目前的浓缩咖啡机大都是泵式,事先均已预设好压力与温度。虽然,商用的精密机种可以自己调整,但也大都在启用时由专家设定好,并不会经常变更。所以,日常的冲煮技巧只须注意填压即可。

⊙ **务必使用适当的填压器**

中等价位以上的机器都会附有一个填压器,请务必使用这个填压器填压,因为它的圆周大小正好适用它的滤器。低价的机器可能不附赠填压器,在此建议您另购一个,不过请注意圆周的大小,必须适合您的滤器才好。市面上有人在贩卖金属制的填压器很重,颇适合腕力不足的女性消费者使用。

⊙ 一定要用力压紧、压平

咖啡粉一定要用力压紧、压平，并将表面磨光，这样才能均衡地对高压的热水产生足够的阻力，冲煮出一杯优良的Espresso。在填压时可以来回旋转手腕并施加压力，让磨光与填平一起完成。

⊙ 填压前的敲打很有效

刚填好咖啡粉，未施加填压之前，可将滤器在桌面上敲打几下，这样能使大小粉粒充分贴合，挤掉不必要的空隙，让咖啡粉更加平整与密实。不过，填压完成之后，不可再敲打，因为再敲打容易造成Coffee Cake碎裂，而产生空隙。尤其是咖啡粉与滤器内缘的接合处最容易被敲出空隙，使热水集中在此处流掉。

Espresso 料理

Espresso的口味强烈，可以说是原汁的咖啡，与牛奶或其他食物混合，都还能留住风味；加上人类的口欲复杂，店家又喜欢创新噱头，因此，Espresso的添加物越来越多，这里统称之为"Espresso 料理"（Espresso Cuisine）。像冰Espresso、冰卡布奇诺、冰拿铁、冰咖啡摩卡等，应有尽有，显然Espresso已经彻底攻入各地区、各文化与各人种之中。典型的

Espresso料理有下列几道工序：

- Espresso

  标准的Espresso只有1.5盎司（约合43克），以宽口杯盛装。

- Espresso Ristretto

  只萃取Espresso的前半段，约1盎司（约合28克），是更加浓烈的咖啡。

- 卡布奇诺（Cappuccino）

  意大利卡布琴（Capuchin）地区的修道院僧侣，都身着白帽与浅褐色的僧袍，由于这种饮料恰似僧侣服装的颜色，因此被叫作卡布奇诺。卡布奇诺的冲煮方法，是使用浓缩咖啡机的喷气管，将一壶牛奶加温到60℃，上面会产生一层绵密的泡沫；然后，先将Espresso倒入一个6盎司容量的宽口杯，再倒入牛奶，使得Espresso、牛奶与奶泡各占1／3，即完成一杯上层是白色，下层为浅褐色的饮料。卡布奇诺可以加糖喝，也有人喜欢加肉桂粉或可可粉，还有人加入千奇百怪的添加物，是最被滥用的一道料理。

- 拿铁（Caffe Latte）

  Latte这个字是"牛奶"的意思，因此，当您在意大利餐厅点Latte时，可能会送来一杯牛奶。拿铁是由热牛奶与Espresso共同组成，比例约为6∶1。意大利人通常只在早餐时喝拿铁，所以他们之间流传着一则笑话：若有人在10点钟以后还点拿铁，此人一定是美国人。在一些欧洲地区，拿铁的上菜方式是一杯热牛奶、一份Espresso与一只空碗分开送上来，由顾客自行拿着咖啡与牛奶，从两边同时慢慢地倒进大碗里。传统的拿铁只有热牛奶，没有奶泡，但有些地区却流行打成奶泡，显然这已非典型的Caffe Latte。

- 玛琪雅朵（Espresso Macchiato）

  Macchiato是"沾染"的意思，就是在一杯标准的Espresso上面，沾染一些奶泡；换句话说，就是只倒一小部分奶泡在Espresso上面，而非倒入大量的牛奶。

- 拿铁玛琪雅朵（Latte Macchiato）

与前者相反，拿铁玛琪雅朵是拿咖啡沾染热牛奶。它是先准备一杯打了奶泡的热牛奶，用玻璃杯盛装，再将Espresso倒入，形成上浓下淡的颜色，颇为好看。技术上，可以从杯缘倒入Espresso，由于下降的速度不同，从玻璃外可看到一些美丽的造型变化。

- 咖啡摩卡（Caffe Mocha）

这种饮料是由Espresso、有奶泡的热牛奶与巧克力酱等所组成，各占1/3，以玻璃杯盛装。同理，可将巧克力酱自杯缘缓缓倒入，会有瀑布状的造型出现。这种饮料与传统的"摩卡咖啡"同名，有些人不明就里，还经常会跟店员理论一番。

Espresso的分量很小，而且非常浓烈，喝惯滴滤式咖啡的美国人通常无法完全接受。于是，有人为Espresso加上120～150毫升的热水，称为Americano，基本上这是一杯稀释的Espresso。另外，还有人延长萃取的时间，让热水滴满一整杯，这样的咖啡有"炭烧"的味道，表面的Crema仍在，但是颜色已经转为米黄色。

- 康宝蓝（Espresso Con Panna）

正统的康宝蓝，是在Espresso上面加一些鲜奶油。但坊间却流行着各式各样不同的冲泡风味，有的加上各种糖浆（Syrup），有的加酒，有的加蜂蜜，还有人加上豆浆……可谓到了"泛滥"的程度。

◆ 卡布奇诺

◆ 康宝蓝

◆ 拿铁

如何制作牛奶泡沫

在Espresso料理之中,牛奶泡沫扮演着相当重要的角色,卡布奇诺、玛琪雅朵与咖啡摩卡等都需要它。在新兴的消费地区,它甚至比Espresso还重要,因为人们还不是很了解Espresso,经牛奶调和后的饮料反而大行其道,美国的西雅图就曾经被称为"拿铁之地"(Land of Latte)。

牛奶经蒸气打过之后,空气进入牛奶里,口感会变得比较浓稠;在与Espresso混合后,风味更是浓厚香醇,而且牛奶的白色与咖啡的深褐色颇为相衬,可增加视觉的效果。制作牛奶泡沫是需要一些学习与实验的,不过并不难,只要练习几次就能驾轻就熟。

⊙ 制作奶泡的方法

各种浓缩咖啡机的奶泡制作方法可能略有不同,建议您先阅读操作手册,再参阅以下的步骤:

1 将冰牛奶倒进盛奶壶里,并打开蒸气钮,空喷一下子,清掉管内残留的热水,待看到水滴从管内流出来之后,便可以开始打奶泡了。

2 将喷气管的尖端深入牛奶的1/3处,并将蒸气打开(建议全开,无需逐步增强)。

3 逐渐将喷气管的尖端移至接近牛奶表面的下方,但是不可高过表面。这时,会有嘶嘶的声响,牛奶在壶内形成旋涡,骚动得很厉害,表示空气正在进入牛奶之中。

4 待泡沫足够时,可将喷气管深入牛奶中,让温度升高到66℃左右,即完成奶泡的制作程序。

⊙手工打奶泡的方法

现在,市面上有一种手工的奶泡壶,完全用手工打奶泡,不使用浓缩咖啡机的热蒸气。这种奶泡壶的操作方式是将牛奶倒入壶内,以慢火加温到85℃左右,然后装上铁网,上下快速推挤牛奶,即可形成奶泡。

这种方法虽能制造出更细致的奶泡,不过却相当费时。台北市光复南路巷里有一家"La Vie咖啡馆",就是使用这种方式打奶泡,牛奶的组织细密,更容易入口,真是慢工出细活!

◆ 奶泡壶

制作奶泡小窍门

- 牛奶越冰越好。

- 最好用专用的盛奶壶，它的形状是底部较大，往上逐渐缩小，适合热牛奶在壶内流动，制成组织绵密的奶泡。

- 盛奶壶有各种大小，尽量依牛奶的分量，选用适当的尺寸。

- 喷气管与牛奶表面的角度约为60度，部分机器的喷气管已经设计成60度，所以只要把盛奶壶拿正就好。

- 低脂牛奶容易形成泡沫，但是泡沫略大，而且较松，比较没有绵密的口感。全脂牛奶不易形成泡沫，一旦成功却有细密的组织，让Espresso料理变得浓厚黏稠。

- 制作完成之后，奶泡上面通常有较粗的泡沫，此时，可将壶底在桌面上用力拍打几下，并手持奶壶以一定的时针方向回旋几圈，这样可消除大泡沫，让牛奶的组织更加绵密，会有更稠的口感。

Chapter 12

咖啡珍奇名豆赏析

在咖啡世界里,人类永远只能窥知一二。所幸,产销体系一时转换不易,各地区的咖啡豆大致只能维持缓慢的变化,让人类取得一个时空的横剖面,可暂时评论咖啡的好坏。今天所提到的,也许因气候或其他因素的改变,明天便会被精选咖啡除名;而未提及的,也许是风味极佳的咖啡,只是人们无缘认识而已。

多彩的波旁咖啡豆

波旁种咖啡豆的质地坚硬，颗粒比较小，单位产量也比铁毕卡种多。它以具有牛奶味与圆润的酸味见长，风靡世界600年。中南美洲的咖啡大都属于这个品种及其后裔，它在这个地区产生多次变种，果皮的颜色由红色转变成其他各种颜色，相当好看，也相当稀有。更重要的是它的风味不变，甚至高海拔的咖啡豆有着更美好的风味，目前已经知道的果皮颜色有下列数项：

- 红色波旁（Red Bourbon）：这是原本的颜色
- 黄色波旁（Yellow Bourbon）：突变种
- 粉红色波旁（Pink Bourbon）：突变种
- 橘色波旁（Orange Bourbon）：红色波旁与黄色波旁的交配种

黄色、粉红色与橘色波旁的成熟果实都不易辨识，农民必须训练采收人员。因为同株咖啡树上的果实不会同时成熟，必须分5~6次用手指采收，相当费时费力。它们保有波旁种的优异风味，又以稀为贵，在市场上非常引人注目。

黄色波旁是突变种，也有人说它是波旁种与黄色果实的铁毕卡（Amarelo de Botocatu）杂交而成。黄色波旁比较常见，巴西、萨尔瓦多与危地马拉等国家都有出产。粉红色与橘色波旁则是经过品种筛选与交配而得，种植于萨尔瓦多（El Salvador）。这些咖啡大都有花果的芳香、轻甜的甘味与烤坚果般的口感，饮后在杯底留下陈皮梅的香气。

台湾地区云林县的嵩岳咖啡庄园种植有黄色波旁与橘色波旁。它坐落在古坑乡的草岭村，

1 2 3　◆1　危地马拉Santa Catalina 庄园的红色波旁
　　　◆2　巴西南米纳斯 Carmo 咖啡庄园黄色波旁
　　　◆3　古坑嵩岳咖啡庄园的橘色波旁

这里风景优美，孕育出许多质量优良的咖啡。有兴趣的朋友可在该园的官方网站（http://www.songyue.com.tw/）的博客上看到照片，也可买到精致处理的正宗台湾咖啡。另外，李松源先生的屏东咖啡园培育一些黄色波旁的树苗，并曾在2011年接受订购。因此，我们相信台湾地区也将会有黄色波旁咖啡的出现。

陈年咖啡豆（Aged Coffee）

也许您曾听过这样的说法，咖啡生豆放久了没关系，它会变成陈年咖啡，味道更好。其实这是相当不负责任的说法，豆子放久了一样会腐败，由新鲜的青色转变成白色，再转为黄色，变得索然无味，甚至长出虫子。如同陈年的酒类一样，生豆必须经过适当的处理，并长期储存之后，才能称之为真正的"陈年咖啡"。

不过，您可别误以为陈年豆就是老豆（Older Bean），其实两者大不相同，老豆通常是滞销品，不仅无内果皮的保护，而且往往在码头的仓库里一待就是好几年，怎么会有好味道？而陈年豆经过特殊的储存过程和岁月的洗礼之后，保有浓醇的咖啡香味，很耐人品味！

⊙ 应该储存在原产地

真正的陈年咖啡豆应该是储存在原产地，放在高而凉爽的仓库里，那里才是咖啡的家乡；而成熟的豆子也才得以在采收之后再"成长"一次。为了确保质量，农场主还必须经常关照查看，不时翻动一包一包的麻袋，使袋中所有的咖啡生豆都能均衡地接触到空气和水分。

某国际连锁咖啡公司经常购买优质的苏门答腊咖啡，其中的一部分会运往新加坡，在那里进行"陈年处理"。他们的合作伙伴将咖啡豆储存在通风的仓库里，并经常翻动，利用热带季风熟成3~5年，形成稠度丰厚与酒般香醇的陈年苏门答腊咖啡。在这个过程之中，还要定期抽取样本，寄回美国总公司，由专家鉴定是否发展良好。可见，对其关心程度高于其他精选咖啡。

⊙ 应该包在内果皮里储存

另外，真正的陈年咖啡豆应该是包在内果皮（Parchment）里加以储存。如果除去内果皮，生豆将失去保护而容易变质腐化。咖啡大多生长在热带地区，潮湿的空气很容易使生豆变质。

⊙ 陈年咖啡的风味如何

咖啡豆经过陈年的处理之后，酸质变弱，但醇度变高，质感变厚，颇有老成持重的风味，与新豆的活泼明亮迥然不同。有些专家喜欢用陈年豆与新豆混合，使稳重的醇味和活泼的酸质得到平衡。但直接品饮陈年咖啡，享受浓醇的风味，亦是许多专家的爱好。

近几年来也常见到夏威夷的陈年咖啡，轻度烘焙的可纳豆带有浓烈的酸味；但经岁月洗礼后的陈年可纳豆，酸味柔和，是咖啡中的极品。笔者也曾经试过夏威夷莫洛凯岛的陈年圆豆，稠得有点像糖浆（当然没那么甜），多年后仍无法忘怀。

烘焙后的陈年咖啡豆需要较长的时间才会显现出它的浓稠，因此，建议3天后再开始喝它。严格说来，烘焙后第一天的陈年豆并没有什么特殊的风味。

⊙ 陈年咖啡很适合调配综合咖啡

陈年咖啡的稠度丰厚，很适合与其他具有优秀酸质或特殊芳香的咖啡一起调配成综合咖啡。这样，使得具有某些特质的咖啡变得更为丰稠。星巴克公司的部分综合咖啡就有调配陈年苏门答腊豆，例如：周年庆综合咖啡（Anniversary Blend）与圣诞综合咖啡（Christmas Blend）。另外，美国的西雅图最佳咖啡公司（Seattle's Best）的秋季综合豆（Autumn Reserve Coffee）也以陈年苏门答腊豆为配方之一。

根据笔者的经验，使用一般的苏门答腊豆（或曼特宁）调配意大利浓缩咖啡配方，虽有不错的风味，但是相对缺乏咖啡油；若使用陈年苏门答腊豆或黄金曼特宁（陈年18～24个月）则有较佳的咖啡油，色泽也相当艳丽。

⊙ 陈年咖啡储存不易、弥足珍贵

陈年咖啡蕴含着农场主人长期的承诺与心血,通常要存放3~5年的时间,足见其珍贵的程度。但是,由于陈年咖啡储存不易又积压成本,因此并不多见。

相对于其他地区,欧洲人比较偏好陈年咖啡,这应是受到历史的影响。在中南美洲开始种植咖啡之前,印度尼西亚与印度是主要的咖啡殖民地,为了确保对宗主国的供给无虞,必须适量储藏,加上船运又费时甚久,自然形成陈年的效果。因此,在市场上较常见到印度尼西亚与印度的陈年豆,像陈年苏门答腊咖啡、陈年爪哇咖啡与陈年曼特宁都相当有名气。

咖啡豆中的巨人:象豆

马拉苟嗨(Maragogipe)是铁毕卡的突变种,生长于巴西巴西亚省(Bahia)的马拉苟嗨(Maragogipe)地区。它的豆形很大,号称"象豆"(Elephant Bean)。由于外观硕大,卖相佳,因此,传播到尼加拉瓜、哥伦比亚、危地马拉、萨尔瓦多与墨西哥等国家。一般认为,墨西哥的恰帕斯与危地马拉的科万所产的象豆最好。

但是,象豆的单位产量较低,又不容易保持生命力,

所以大都被其他品种所取代。大多数的农家都是在农地上拨一小块地种植，因此产量不大。

1928年，咖啡大师威廉·乌克斯（William H. Ukers）在他的著作里给予象豆相当负面的评价。不过，品种依地形、土壤与气候会有些改变，高海拔地区的象豆有完整的醇味（full body），又有柑橘的香味，经常是精选咖啡的来源。

在萨尔瓦多有人将马拉苟口海（Maragogipe）与帕卡斯（Pacas）交叉配种，生出帕卡马拉（Pacamara）种。这个新种非常优秀，经常在美国精选咖啡协会（SCAA）的竞赛中名列前茅。

◆ 衣索匹亚的日晒咖啡果实

精选自然日晒豆

　　这里的自然日晒豆指的是日晒豆（Sun Dry）与半日晒豆（Pulped Natural Process或蜜处理法），您若不熟悉日晒法的过程，可回到第三章"生豆的处理"再复习一下。

　　日晒法因使用自然阳光来干燥咖啡的果实和生豆，又称作自然干燥法（Nature Dry）。成熟果实需要放在架上曝晒至少五六天，直到充分干燥为止。这时，果实变成深褐色，含水率降到13%。其间有下雨、虫蛀、飞入杂物与曝晒不匀等风险，所以质量不易控制，必须要经过精细看顾与处理的日晒豆才可以成为精选咖啡。

　　日晒法的豆子在外观上看来不怎么整齐，卖相较不讨好。新兴的咖啡国家或新的农场大都采用水洗法，使得日晒豆越来越少。

　　因为咖啡豆被包裹在果皮、果肉或黏液中曝晒，利用阳光的温度自然发酵，当然会形成极其特别的风味。自然日晒豆有极佳的酒醇味与浓稠度，是行家的最爱。饮用优质的日晒咖啡，可感受到花的香味与厚重的稠感。若作为综合咖啡，只要25%就可以提升其他咖啡的厚重口感。若作为Espresso的配方，则容易产生丰厚的咖啡油。

　　在精选咖啡的领域里，优质的日晒豆举例如下：

- 也门咖啡（限处理的精良好豆子）。
- 埃塞俄比亚咖啡的耶加雪夫日晒豆、西达摩日晒豆等。
- 印度尼西亚苏拉威西（Sulawesi）的托洛雅（Toraja）日晒豆与卡洛西（Kalosi）日晒豆。
- 巴西优秀咖啡庄园的半日晒豆。

阳光之豆：也门咖啡

主要特色：口感丰稠、风味多元，有水果酒般的醇味与坚果般的余韵。
主要品种：Heirloom Yemen。
处理方法：自然日晒。

也门咖啡的风味最丰富，有花香味、巧克力味、坚果味、麦芽糖味，甚至还有人喝到蓝莓味，真是百味并蓄，是世界上口味最复杂的咖啡。我们每次在品尝也门咖啡的时候，都会怀抱一种全新的心情，因为每次喝到的味道可能会跟以前不一样，好像是在探险似的。它的水果酒般的醇味与多样化的酸味，一直是许多咖啡专家私下的最爱。

⊙ 咖啡文化的发源地

虽然说咖啡的原产地在埃塞俄比亚，但是当今世界的咖啡种植与喝咖啡的习惯却是发源于也门。埃塞俄比亚与阿拉伯半岛南端的也门仅以红海相隔，两地时有往来，在文化上有许多相通之处。公元6世纪初期，也门迫害基督徒，埃塞俄比亚的阿克修姆国王卡勒伯（Kaleb）派兵讨伐，曾经统治也门达五十年之久。一般认为，咖啡在这时已经传入阿拉伯地区。

咖啡进入也门之后，阿拉伯人做了两件事，影响了后世的咖啡文化：

1. 公元1200年左右，阿拉伯人发现烘焙的方法，并将烘焙豆研磨成粉，煮出人类的第一杯咖啡。

2. 公元1300年之后，阿拉伯人也开始在也门种植咖啡树。传说也门是最早种植咖啡树的地区，现在该地已经被称作"咖啡山"了。于是，咖啡传播得更快，甚至变成阿拉伯国家的代表。今天，咖啡的原种叫作阿拉比卡（Arabica），即含有"阿拉伯"的字意。

后来，荷兰人携带阿拉伯人的咖啡树培育在欧洲的温室里，成为铁毕卡品种（Var. Typica）并传播到亚洲、中南美洲等地。18世纪时，法国人将树苗种在印度洋上的留尼旺岛（Reunion，当时叫作波旁岛），结果发生变种，成为波旁种（Var. Bourbon），所长出的咖啡豆质地坚硬，形状弯曲，种子较小，颇适合高地种植。因此，也门是世界咖啡的发源地。

⊙ 全部都是旧种咖啡豆

也门咖啡概念上属于海尔伦（Heirloom）品种，是几百年前的旧种。后来，陆陆续续发展出新的名称，这些名称大都没有文字记载，只凭口耳相传，或直接以产区的地名成为品种名称。所以，也门咖啡的名称通常代表产区也代表品种，已知的有：Ahjeri、Anisi、Buraee、Dhamari、Haimi、Harrazi、Ismaeili、Mahweeti、Mattari、Wosabi、Raimi、Sanani、Udayni与Yafi。这些全部都是旧种豆，若经过精致的挑选与处理，将都成为好喝的咖啡。由于也门咖啡的种类多，过去又都从摩卡港出口，所以泛称也门摩卡。近年来，消费者重视精选咖啡，业者经常标示其种类，例如Mattari、Sanani等。

赫拉奇（Harrazi）应是其中最好的咖啡，有明显的酒酸与厚实的醇味。一般而言也门的咖啡都是日晒豆，口味比较复杂，但是Harrazi却是相当清纯。虽然醇味的厚实度比马大利（Mattari）略逊一点点，但醇度仍相当足够。

马大利（Mattari）是也门咖啡中醇度最佳的一员，口感强烈而复杂，是咖啡老饕的崇拜对象。沙纳妮（Sanani）比前两者轻软，其明显的酸味与酒般的醇味也是精选咖啡中的上品。

台湾的市场常见马大利与沙纳妮，偶见Ismaeili与Raimi，其他的尚未看到。

⊙ 自然的有机咖啡

700年以来，也门的咖啡农民都秉持古法种植，完全不用合成化学的肥料、杀虫剂与除草剂。他们在自家的屋顶上，用阳光晒干咖啡果实，再用石头制的器具磨掉外壳，取出咖啡豆。虽然没有经过认证，却是公认的有机咖啡。

也门咖啡没有分级制度，但是好的处理中心都会经过二次或三次的挑选，剔除瑕疵豆。

由于是日晒豆，豆子的密度与含水率比较参差不齐，若使用滚筒式的机器进行烘焙，则咖啡豆的颜色会比较不均匀，俗语说"花花的"。这是正常的现象，消费者可不必疑虑，所以建议读者重视喝的质量，而不要只用眼睛喝咖啡。

如果真的很在乎烘焙豆的颜色是否均匀，则可以选择风床式的烘焙机，个人在家烘焙则可使用爆米花机来烘焙咖啡豆。在这种设备里，热风由下向上吹，密度高的豆子（比较重）会向下掉，密度低的（比较轻）向上飘，如此上上下下飘动，最后会使咖啡豆烘焙得很均匀。

⊙ 调制综合咖啡的好材料

也门咖啡具有稠度与醇度，是调制综合咖啡的好材料。只要掺有10%以上的也门日晒豆，就可以增加综合咖啡的口感。

也门咖啡豆是日晒豆，最能增加Espresso的醇味与稠度，所以也经常被拿来调制高级的Espresso，百分比可为10%到25%。在也门豆之中，马大利咖啡的价位较高，笔者自用的Espresso配方之一即使用25%的马大利，用其制成卡布奇诺（Cappuccino），真是芳醇可口。

咖啡原生种：埃塞俄比亚咖啡

主要特色：口感丰稠，花香味，有蜂蜜般的醇味与甘橘香的余韵。

主要品种：Ethiopica。

最高等级：水洗豆（Gr1、Gr2）、日晒豆（Gr3、Gr4）。

处理方法：水洗法与日晒法都有。

埃塞俄比亚北部的山区是咖啡的发源地，至今仍有土著采摘野外无人看顾的咖啡果实，制成野生的咖啡豆。当地有许多的咖啡原生种，血统繁衍茂盛，甚至不同的山区就有不同的品种。概念上，他们都属于埃塞俄比亚原生咖啡（Var. Ethiopica 或 Ethiopia Heirloom）。

该国将咖啡生豆分为1到5级（Grade 1～5），第1级与第2级保留给水洗豆，日晒豆则从第3级与第4级起向下分级。第1级不易见到，市场上的第2级几乎已经是最好的水洗豆。据说因为税费的关系，出口商有下调一级的情形，例如：将第1级水洗豆定为第2级，第3级日晒豆定为第4级。

在精选咖啡市场上，常见到"西达莫"（Sidamo Gr2）、"利姆"（Limu Gr2）与"耶加雪啡"（Yirgacheffe）等品种，其中，对后者的评价最高。依照埃塞俄比亚当地的分级法，第2级通常是最高级豆。精选的咖啡豆大都来自新的种植区，以水洗咖啡豆的质量较佳。除了典型非洲豆的特质之外，它们有清新的花香味及神秘的口感，余韵让人沉思许久，无法参透它的奥妙。

近年来，优质的日晒豆重获消费者的喜爱，出现耶加雪啡与西达莫日晒豆，第3级（日晒豆的最高等级）是市场上的珍品。

在一般的咖啡交易中，最常碰到"哈拉豆"，主要有3种：长豆（Longberry）、短豆与圆豆（Mocha Harrar），都是采用日晒法。哈拉豆大部分来自于一些小农户，质量参差不齐，形状大小不一，给人的印象不佳，但它的价格比较低，能够降低成本；由于好坏差很多，是风险程度较高的咖啡，一般都用来当作综合品。不过，近来也曾见到水洗的哈拉豆，想必应有不错的风味。其实，好的哈拉咖啡有柑橘的香气与蜂蜜似的口感。

至于获得认证的有机咖啡中，埃塞俄比亚的产量排名世界第三，其对于生态环境的保护值得赞许。

◆ 知名的埃塞俄比亚长豆咖啡树

并非AA就是好咖啡：肯尼亚咖啡

特色：黑醋栗般的风味，有狂野的酸质与红酒似的厚实醇度。

品种：SL28与SL34（都是筛选的波旁品种）。

最高等级：AA且等级1~2。

处理法：水洗法。

肯尼亚全国几乎都坐落于高地之上，红色的火山土壤生产质量优良的咖啡。国营的肯尼亚咖啡委员会（Coffee Board of Kenya）管理严格，其成员亲自参与分级工作，为了控管质量，有时还将不同农场的咖啡豆混合在一起。肯尼亚咖啡委员会每周举办拍卖会，拍卖AA级的咖啡豆。

肯尼亚的咖啡采用水洗法，干净整齐，外形美观。它以中度的醇味与狂野的酸味著称，虽然带有尖锐的口感，但喝起来有接近柳橙与柠檬的味道，类似于水果酒，实在令人无法忘怀。上等的肯尼亚庄园咖啡带有黑醋栗的风味，是行家追逐的目标。

⊙ 官方的分级制度

国营的肯尼亚咖啡委员会负责生豆的分级，详细办法请参阅该委员会的网站（http://www.coffeeboardkenya.co.ke/）。分级制度大致上分为两个阶段：

- 第一阶段

按照生豆的颗粒大小（Bean Size）分为：E、AA、AB、C、PB、TT、T、MH、ML，共

有九级。其中，E代表象级（Elephant Grade），指的是特大粒的豆子，通常是两粒豆子合在一起，未分开而形成的超大颗粒。AA为肯尼亚官方所赋予的最高等级，AB为A级与B级的混合，PB代表圆豆。

- 第二阶段

按照咖啡豆的尺寸分级之后，该委员会的品测部门（Liquoring Department）还会实际加以烘焙，进行严格的试饮，然后定出质量等级，共有十个等级，明细如下表。

等级	AA/PB/E级	AB级	TT级	C级	T级
1	Fine				
2	Good	Good			
3	Fair to Good	Fair to Good	Fair to Good		
4	F.A.Q.	F.A.Q.	F.A.Q.	Fair to Good	
5	Fair	Fair	Fair	Fair	Fair
6	Poor to Fair	Poor to Fair	Poor to Fair	Poor to Fair	Poor to Fair
7~10	质量更低，不在本书的讨论范围之内。				

由此可见，在AA级的咖啡豆之中，其实还分为Fine、Good、Fair to Good、F.A.Q.与Poor to Fair等若干质量级数。其中，class 1~3才会是好豆子，约占肯尼亚咖啡的25%；class 4~5已经是普通的咖啡，约占45%，FAQ是Fair Average Quality的缩写，意思是"尚可"；另外，其他的30%都是质量不良的咖啡。有时候AB级的咖啡会有杰出的风味，质量优于AA-FAQ。

所以，并非肯尼亚AA就是好咖啡。市面上只标示"肯尼亚AA"者，大部分都是FAQ，但是零售商常常说它是"最高等级"，请消费者注意。

⊙ 官方的拍卖制度

1934年，肯尼亚咖啡委员会就已经建立一套严谨的制度，每周在首都内罗毕咖啡交易中心（Nairobi Coffee Exchange）拍卖咖啡生豆。在2006年的新制度出现之前，所有的肯尼亚咖啡都从这里拍卖出去，一直到现在，极大部分的生豆经由这个窗口销售出去。

内罗毕咖啡交易中心授权三家经纪公司（Marketing Agent），从事市场营销工作，这三家为Thika Coffee Mills、Socfinaf与Kenya Planters Cooperative Union（简称 KPCU）。经纪公司的代表会到仓库抽取样品，然后交给内罗毕咖啡交易中心的会员，目前约有50家会员，通常是咖啡的出口商。有时候，会寄样品给客户（国外的进口商）。精选咖啡从业者一定会认真测试这些样品，辨识质量，决定所要的批号与价位。接着定时拍卖，由经纪公司接受出口商的委托，按客户的需求与价位竞标。一些高质量的咖啡或来自优秀庄园与合作社的咖啡会有激烈的竞争，价格扶摇直上。

⊙ 出口商的产品名称与官方的级数

对于特别杰出的豆子，出口商通常会接洽特定的买方，这些豆子通常流向精选咖啡从业者。这些好豆子的数量不大，总是会被标示批号（Lot Number）或庄园之名，在市场上销售。

其他的生豆也不乏有好品质的，来自好农庄。于是，出口商便自行混合这些豆子，分为若干类别，在市场上销售。

一方面，因为拍卖制度的阻隔，买方对生产农庄有时无法获得充分的数据；一方面，产品项目太多会造成自家产品的互相竞争。因此，出口商的品种通常不会太多，使得消费者也无法得知咖啡是来自哪个地区和哪个农庄（或合作社）。

例如某家知名的出口商，代号称之为M的公司，其商品类别只有几项而已，已经看不到生产者的名字。就这家公司的商品看来，最高级的是AA Estate（质量甚佳），次佳的是AA Regal+，FAQ+与FAQ则是一般的咖啡。

M公司的商品名称	说明
Washed Kenya AA Estates 水洗庄园咖啡AA	Class 1与2 风味最佳
Washed Kenya Regal AA Plus	Class 2与3 生长条件与水洗庄园咖啡相同，但风味下降一级。Regal的意思为王室，又加上Plus（+），名称看起来很高级，风味虽佳，但是比不上前项。
Washed Kenya AA FAQ	Class 3与4 风味比前项又下降一级，FAQ是代表Fair Average Quality。
Washed Kenya AB Estates 水洗庄园咖啡AB	Class 2与3 豆身较小，有时有好风味。
Washed Kenya AB FAQ Plus	Class 3 风味次于前项。
Washed Kenya AB FAQ	Class 3与4 等级不佳。
Washed Kenya C	Class 4与5 豆子太小，品质不佳。
Washed Kenya Grade PB（圆豆）	Class 3与4 有时有好风味。

另外，B公司（代号）为一家瑞士公司，在肯尼亚有分公司，其商品类别也只有几种而已：

- AA TOP （Screen 17/ 18） The cup quality is Class 2
- AA FAQ （Screen 17/18） The cup quality is Class 3 and 4
- AB TOP （Screen 15 /16） The cup quality is Class 3
- AB FAQ （Screen 15/16） The cup quality is Class 3 and 4
- C （ Screen 14/16） The cup quality is Class 4 and 5

市面上，有人销售肯尼亚AA TOP（质量甚佳），应是来自这家公司的最高级咖啡豆。

⊙ 2006年的新制度

自2006年起，肯尼亚政府通过新的法令，容许生产者直接与国外的进口商议价，完成交易，可不必经由内罗毕咖啡交易中心的拍卖程序，这是第二窗口（Second Window）。目前，该国政府大约已经授权30家经纪公司（Marketing Agent）可直接销售咖啡豆给国外的进口商。

从此，咖啡来自哪个地区、哪个高度、哪个农庄、哪个处理工厂，一清二楚，产地的信息充分透明。这个新制度最适合精选咖啡了，杰出的咖啡比较能够获得重视，在市场上崭露头角。

近年来，许多精选咖啡从业者经由这个渠道进口肯尼亚咖啡，在产品的信息方面标示得更清楚，让消费者更放心购买。据知，美国知名的精选咖啡公司Allegro经常向Mamuto与 Ndaria等家族购买咖啡，中国台湾地区的咖啡公司也曾经直接进口肯尼亚奇安度（Kiandu，即是"奇安度小型咖啡合作社"）咖啡。

◆麻袋上标示"FAQ AA"，但销售时标示为肯亚AA

⊙ 精选肯尼亚咖啡

肯尼亚咖啡的品种以SL28与SL34最优秀,有著名的黑醋栗味道,并如红酒一般。然而,这些特质通常只存在于最杰出的小型庄园或合作社的精致咖啡之中,其他的"肯尼亚AA"可能混入其他品种,也可能没有这些优点。所以,建议喜欢肯尼亚咖啡的消费者多多留意,不要被商品名称误导,毕竟一分钱一分货。

不过,从现行的拍卖制度与2006年的新标准看来,我们还是可以看出来精选的肯尼亚咖啡通常都以这样的方式出现:

- 标示拍卖时的批号(Lot Number),并说明是小量的批次(Small Batch)。
- 标示庄园或合作社的名称,并说明产区高度与咖啡品种。
- 明确表示是出口商的最高级项目,例如前例的AA Estate、AA TOP等。
- 出现在长期经营精选咖啡的商店。

⊙ Main Crop 与 Fly Crop

由于地区的不同与收获期的差异,肯尼亚咖啡有两大类:Main Crop与Fly Crop。传统的肯尼亚咖啡是Main Crop,过去的比重为70%,近来为55%。近年来Fly Crop越来越多,比重已达45%。详细资料如下表:

项目	Main Crop	Fly Crop
收获期间	2~3月	9~10月
开花期间	9~12月	5~7月
拍卖期间	12~8月	7~次年1月
比重之百分比(以前)	70%	30%
比重之百分比(最近)	55%	45%

◆ 肯亚Socfinaf公司的品质

也有优质的咖啡：巴西庄园咖啡

主要特色：优质的庄园咖啡具有圆润柔和的牛奶味，且稠度甚佳。其他日晒豆不酸不尖锐，具有稠度，适合作为浓缩咖啡与综合咖啡的配方，能制造稠度丰厚的咖啡油。

主要品种：波旁、Mundo Novo、Acaia

最高等级：Bourbon Santos 2

处理方法：日晒法或半日晒法

◆ 巴西南米纳斯 Carmo 咖啡庄园风景

巴西日晒豆最大的特色就是柔和，容易与其他的豆子结合，不干扰其他豆子的特色，配成良好的综合咖啡，台湾人喜爱的"曼巴咖啡"就是印度尼西亚曼特宁与巴西咖啡的综合品。笔者也经常使用巴西豆作为Espresso的配方之一，很容易形成厚厚的咖啡油，且稠度甚佳。

巴西是世界最大的咖啡生产国，也是最多样的咖啡生产国家，从最便宜的到最昂贵的，统统都有。该国共有21个州，其中有17个州生产咖啡豆，但有4个州的产量最大，它们是巴拉那（Parana）、圣保罗（Sao Paulo）、米纳斯吉拉斯（Minas Gerais）与圣艾斯皮瑞图（Espirito Santo）。

巴西咖啡的产地都不在高山区，海拔约为610～1219米，与中美洲的咖啡园大多在1524米以上相比较，巴西咖啡算是平地咖啡。因此，巴西咖啡比较柔和、酸质较轻，风味上相对没有明显的个性。而且，巴西咖啡大多为自然干燥豆，质量不易控制，卖相较差，被认为是平庸的咖啡，有许多精选咖啡从业者干脆不卖巴西咖啡。

但是，巴西是个咖啡古国，仍有许多波旁旧种的咖啡树，生产风味绝佳的咖啡。在众多产区之中，有三个主要地区的波旁咖啡可算是最好的巴西咖啡，它们是：

- 摩吉雅纳（Mogiana）：在圣保罗（Sao Paulo）州的北部。
- 南米纳斯（Sul de Minas）：是米纳斯吉拉斯（Minas Gerais）州南方的一个行政区。
- 索瑞多（Cerrado）：涵盖米纳斯吉拉斯（Minas Gerais）州西边与戈亚斯州（Goias）东边的一部分。

这几年来，一些知名的精选咖啡从业者都有经销巴西优良咖啡的记录，例如：努森（Knutsen）咖啡公司经销索瑞多的圣洛伦索（San Lorenzo）庄园的生豆，星巴克（Starbucks）卖过南米纳斯的巴西点啡（Ipanema）庄园的波旁咖啡。

巴西2005年Cup of Excellence（优秀咖啡）竞赛之中，圣塔茵庄园（Fazenda Santa Ines）的一批咖啡豆获得冠军，且成绩极好，为95.85分。这批咖啡豆最后被加拿大温哥华的Artigiano 咖啡公司与两家澳大利亚烘焙商购买，标价每磅生豆47.95美元。圣塔茵庄园位于米纳斯吉拉斯海拔1200米，主要品种是黄色波旁、卡杜艾、阿凯亚（Acaia）等，采用半日晒法（Pulped Nature Process）。可见，巴西的庄园咖啡也相当优秀。

意大利人所嗜饮的浓缩咖啡（Espresso）最忌尖锐的口感，波旁咖啡的温顺柔和正好最为适合于此，所以意大利的浓缩咖啡配方之中有相当比重的巴西咖啡，有的甚至超过50%。另外，咖啡油是浓缩咖啡的最重要指标，巴西自然干燥豆几乎可保证会有丰厚的咖啡油，是浓缩咖啡配方之中相当重要的材料之一。

传统的巴西咖啡都采用日晒法，将包着生豆的果实用阳光晒干，再磨掉外皮取出生豆。这种方法能让种子吸收果肉的营养，形成丰富的口感，但质量不易控制，有时会有土味与碘味（Rio）。近年来，巴西流行使用半日晒法（Pulped Natural Process）处理生豆，也是自然干燥法的一种，能保留巴西咖啡的柔顺与稠度，又能兼顾质量，比较能制造出 clean coffee。

巴西咖啡的分级法采用瑕疵豆的点数，最高级的波旁豆为Bourbon Santos 2（以前都由Santos港出口），没有第1级豆。

台湾地区常见的有索瑞多（Cerrado）与达特拉（Daterra）。如同前述，索瑞多是一个区域名称，而达特拉（Daterra）是该区的一个大型咖啡庄园。优质的巴西日晒豆有水果般的香味与饱满的稠度，它的Espresso 配方经常能够制作出丰厚的咖啡油。在历年的世界咖啡师比赛（World Barista Championship，简称 WBC，Barista为意大利文，意为冲煮咖啡的师傅）中，有数位师傅使用含有达特拉的浓缩咖啡配方获得冠军或名列前茅，使得达特拉的知名度升高。

达特拉庄园相当重视生态环境的保护与社会责任，获得雨林联盟和UTZ的双重认证，该公司的网站（http://www.daterracoffee.com.br/）声明：质量与生态永续经营是我们的热诚。庄园的咖啡种植高度为1150米，下辖215个农场，再细分为2816个单位（他们称作Quadras）。每个单位植栽同一品种，利于管理，有详细的种植、雨量、产量等历史记录。该庄园目前种植下列品种：Typica、Bourbon、Caturra、Mundo Novo、Red and Yellow Icatu、Red and Yellow Catuai等，其中的优秀品种是一些精选咖啡从业者的关注目标。

天下第一名豆：牙买加蓝山咖啡

主要特色：精致处理、芳香纯正、几乎没有杂味，柔顺的醇味、甘甜的余韵。

主要品种：铁毕卡（Typica）。

最高等级：第1级。

处理方法：水洗后日晒干燥。

牙买加蓝山咖啡是众人公认的天下第一名豆，它具有非常适中的酸味与醇味，香气十足，入口滑顺，喝完之后能在嘴里留下甘甜的余韵。

牙买加是美洲最早种植咖啡的地区，咖啡的历史相当悠久，仅次于巴西。约在1728年，当时的总督尼古拉斯·劳威斯（Nicholas Lawes）引进铁毕卡种咖啡到牙买加的东部，但是并未大量发展。直到1838年，奴隶制度废止，才逐渐发展，并渐渐往西部拓殖，如今咖啡已是该国最重要的经济作物。

蓝山地区位于牙买加的东部，尽是高山与狭谷地形，海拔1524米的山地昼夜温差大，其土壤与气候最适合咖啡的种植，于是成就名闻遐迩的牙买加蓝山咖啡。

1950年，该国成立牙买加咖啡产业委员会（The Coffee Industry Board of Jamaica），为唯一的授权出口机构。1983年以后，政府通过该委员放宽部分规定，让合乎标准的生产者也可以自行在市场上销售。这项新规定主要修正了两个重点：

1. 明确定义蓝山的范围，牙买加蓝山咖啡的产地指的是首都金斯敦以东、海拔高度超过1000米的蓝山地区。

2. 定义华伦福特（Wallenford）、银丘（Silver Hill）、马维斯邦（Mavis Bank）与摩伊豪尔（Moy Hall）为其核准的处理农场（Coffee Works），并说明不定时由部长核准新的处理农场。

之后，有更多的农场生产合格的牙买加蓝山咖啡，例如：RSW、Old Tarvern Estate 与 Clifton Mount Estate 等。RSW 包括三个独立的庄园：Resource, Sherwood Forest 与 Whitfield Hall，亦相当知名。

如今，在世界各国已经有多家牙买加蓝山咖啡进口商，读者可在委员会的网站（http://www.ciboj.org/）上查询到合格的从业者，其中有若干中国台湾厂商。

这些农场有的也出产其他咖啡豆，例如：牙买加高山豆（Jamaica High Mountain Supreme）、牙买加高级豆（Jamaica Prime coffee）等，名称相似，风味却比不上认证过的牙买加蓝山咖啡，消费者在购买时应特别留意。

由于牙买加蓝山咖啡的知名度太高，市面上便产生许多冒名的咖啡，例如：蓝山式咖啡、蓝山综合咖啡，或者直接叫作蓝山咖啡。不过，这些都是从业者模拟牙买加蓝山咖啡的口味，自行混合各种咖啡豆所调制出来的综合咖啡，里面可能一粒真正的牙买加蓝山咖啡豆都没有。

台湾最常见的牙买加蓝山咖啡来自于华伦福特（Wallenford）与马维斯邦（Mavis Bank），前者属于牙买加咖啡产业委员会的商业部，让人以为是"独家"的处理工场，知名度很高，处理的数量很大。马维斯邦则在北美地区营销得很成功，亦是知名的品牌。

马维斯邦农场是由塞希尔·慕（Cecil Augustus Munn）所建立，他与他的儿子（Victor Munn）从1920年开始在草莓山种植咖啡。后来，他将事业传给Victor的侄子Keble Munn，更加发扬光大。Keble曾任职牙买加农业部，是该国第一位取得执照的杯测师（Certified Cup Tester），并获美国精选咖啡协会（SCAA）颁发的终身成就奖（Lifetime Achievement Award）。至今，该家族仍致力于咖啡事业的发展，其营销的生豆会在木桶上印有M.B.C.F.（Mavis Bank Central Factory）的字样。

牙买加蓝山咖啡分为四个等级：

等级	咖啡豆颗粒大小	明显的瑕疵豆
Blue Mountain No. 1	17～20号豆占96%以上	不超过2%
Blue Mountain No. 2	16、17号豆占96%以上	不超过2%
Blue Mountain No. 3	15、16号豆占96%以上	不超过2%
Blue Mountain Pea Berry	圆豆	不超过2%
Blue Mountain Triage	包含前项所有生豆	不超过4%

2011年3月，牙买加咖啡产业委员会（The Coffee Industry Board of Jamaica）发布新闻，

宣称首批咖啡生豆于次月运往中国宁波港并直运杭州。近年来中国的消费力提升，预期未来厂商进口牙买加蓝山咖啡会变得比较紧张。

♦ 牙买加蓝山咖啡

云荫巧克力：夏威夷可纳咖啡

主要特色：处理精致，有明显的巧克力味和饱满的醇味。

主要品种：铁毕卡

最高等级：可纳等级（Kona Extra Fancy）、可纳（Kona Fancy）

处理方法：水洗后日晒干燥

夏威夷的"可纳咖啡"最有名，生产于大岛，位于莫纳罗亚（Mauna Loa）火山的斜坡上。可纳咖啡有奇特的巧克力味，令人着迷，但是价格太高；由于处理精良，几乎各等级的豆子都能列入精选咖啡的行列。现在，邻近的考艾岛（Kauai）与莫洛凯岛（Molokai）也开始种植咖啡了，笔者曾试喝莫洛凯咖啡，相当认同它的优良质量。

夏威夷咖啡都采用无阴种植，火山斜坡上的农园大都整理得相当干净，肥沃的土壤加上细致的处理，使之成为市面上的珍品。当地属于海岛型气候，每天下午常会飘来一团乌云，然后下起一阵雨，这种自然的遮阴效果成就了明显巧克力风味的夏威夷咖啡。

夏威夷是美国唯一产咖啡的地方，由于可纳咖啡的名气太大，因而仿冒品很多。与蓝山咖啡一样，市场上经常出现"可纳综合豆"（Kona Blend），是指可纳与其他咖啡的综合品，并不是纯可纳豆。其实，只要风味杰出，优质的可纳综合品也会被精选咖啡店所接受。

近年来，位于大岛南端的咖雾（Ka'u District）地区也开始种植咖啡，由于曾在美国精选咖啡协会（SCAA）的2009年度比赛成绩榜单上名列第7名（与第11名的台湾亘上公司阿里山高山咖啡同榜），所以这里产的咖啡也是知名的咖啡。

教皇与国王的御用名豆：尤科特选咖啡

主要特色：有明显的奶油香味和巧克力余韵，油质丰厚。

主要品种：波旁

最高等级：Extra Fancy

处理法：水洗法

尤科特选咖啡的最大特色在于它的奶香味，甚至可以说是奶油味，即使喝黑咖啡也有加了牛奶的感觉，品尝之后会留下巧克力般的余韵，久久不去。它是咖啡中的珍品，价格却比牙买加蓝山或夏威夷可纳低很多，是相当值得购买的咖啡豆。

尤科特选咖啡豆主要来自三个农庄：San Pedro，Caracolillo 与 Santa Ana，它们坐落在波多黎各西南部的山区里，海拔都在1000米以上。在那里，土壤的主要成分是两种很特别的黏土，叫作Alonso 与 Malaya，滋养咖啡树，成就尤科咖啡特有的奶香味。

由于波多黎各不是现今咖啡市场上的知名生产国，使得很多人还不认识尤科咖啡，而且尤科咖啡的产量很低，每年只有约3500袋而已，因此从业者都以飞机空运到美国。其实，波多黎各原本是一个好咖啡的产地，早在1736年就有西班牙人到此种植。后来，有一群法国科西嘉岛（Corsica）的移民来到这里，定居在中西南部山区，并开始种植咖啡树，整个产区以尤科镇为中心。1860年，尤科地区已完全主导波多黎各咖啡的产销体系。到了1890年左右，更成为当时咖啡的典范，各地竞相模仿。那时候，欧洲的皇室与梵蒂冈都只从这里进口咖啡，因此波多黎各咖啡被誉为国王与教皇的咖啡（The Coffee of the Popes and Kings）。

1898年，波多黎各连续遭受两次飓风的侵袭，咖啡园受到严重的破坏。又因为美国（波多黎各是美国的领地）的兴趣是在该地发展糖业，且受美国最低工资的影响，使得咖啡的生产成本过高。因此，波多黎各的好咖啡很少出口，几乎在国际市场上消失。近年来，精选咖啡抬头，好咖啡可以卖得好价格，自1990年起才由有心人复耕，并以"Yauco Selecto"（Selecto为西班牙文，意思是"挑选"）重返国际市场。

尤科特选咖啡以生豆的颗粒大小为分级的标准，Yauco Selecto AA为最高级豆，指的18号豆，以下还有A、B等若干等级。有时出现19号豆，会直接标示Yauco Selecto 19；若为圆豆，则标示为Yauco Selecto Peaberry。

黄金咖啡豆：印度尼西亚咖啡

主要特色：草菇味、醇味饱满、油质丰厚，调性沉稳，陈年豆很有特色。

主要品种：铁毕卡

最高等级：Gr1

处理法：半水洗或日晒

印度尼西亚是一个咖啡古国，从1699年起就开始了咖啡的种植，当时由荷兰人经营，产品都运往阿姆斯特丹，再转运到欧洲各国。所以，印度尼西亚咖啡的知名度很高，有许多名豆，其中以黄金曼特宁、鲁瓦克与卡洛西等最珍奇。

⊙ 黄金曼特宁（Golden Mandheling）咖啡

曼特宁咖啡具有完全的醇味，香气十足，不酸，有特殊的草药味，也有人说是草菇味。它的口味比较重，能侵入味蕾，所以余韵能在口腔里回味许久。调性沉稳，油质丰厚，相对不活泼。曼特宁最适合饭后饮用，即使被油腻沾染过的味蕾仍无法抵抗曼特宁如烈酒般的醇味。

曼特宁咖啡来自印度尼西亚的最大岛屿苏门答腊。它是种族的名称，而不是地名。在欧美地区，则习惯统称苏门答腊咖啡（Sumatra Coffee）。黄金曼特宁原来是日本从业者所使用的称呼，后来被巴瓦尼庄园（Pawani Estate）所属的公司抢先注册"黄金曼特宁"商标，则日本从业者被迫改称为黄金鼎上曼特宁（Golden Top Mandheling）。根据笔者实际询问咖啡商家，一般认为黄金鼎上曼特宁的瑕疵豆较少，风味较佳，它用草席装袋，上面印有"BIWA Golden Top Mandheling"的字样。

曼特宁咖啡以瑕疵豆的数量分

◆ 印度尼西亚苏门答腊棉兰地区采用手工精细挑豆

级，分为Gr1、Gr2到Gr6，以Gr1为最高级。黄金曼特宁即是Gr1，它经过严格的数次挑选，挑出硕大饱满的咖啡豆，19号豆以上的百分比很高。此外，黄金曼特宁咖啡豆还会先储存在特殊的仓库里18到24个月，相当于陈年咖啡，所以有很好的风味与稠感。一般的曼特宁为60公斤的麻袋装，黄金曼特宁则有较小型的袋装。

曼特宁咖啡豆采用半水洗式的处理方法，兼具日晒豆与水洗豆的优点于一身：

1 整颗咖啡果实包含着咖啡豆在太阳光下曝晒5～6天，咖啡豆能吸收果肉的精华，形成较厚实的风味。

2 再以热水洗去果肉，并经过精致的清洗、干燥与分类，所以质量相当有保证，外观比也门咖啡好看，口味虽重却不会很复杂。

⊙ 鲁瓦克（Kopi Luak）咖啡

印度尼西亚最奇特的咖啡应该是"鲁瓦克咖啡"（Kopi Luak）。"Kopi"是咖啡的意思；而"Luak"是一种小麝香猫，这种小麝香猫特别喜爱吃咖啡的浆果，但是无法消化种子，于是，农民便收集Luak的排泄物，取回咖啡豆，清洗与处理后，磨去硬壳，即成为风味特殊的Kopi Luak，也有人称作猫屎咖啡。但由于价格太高，甚为罕见。

近年来，有人研发出接近麝香猫消化系统的菌种，然后将咖啡生豆泡在菌种里，产生近似的麝香猫咖啡。因此，建议消费者在购买时应该多了解货品的来源。

⊙ 苏拉威西（Sulawesi）咖啡

苏拉威西岛（Sulawesi）在印度尼西亚的北部，所产的咖啡同时具有爪哇咖啡与苏门答腊咖啡的优点：口感浓厚、醇味、草药味、甘味、平顺。此外，它有酸质，显得更具有平衡的风味。

在苏拉威西岛上，以中央地区的托洛雅（Toraja）与西南区的卡洛西（Kalosi）所产的咖啡最佳。其中，日晒法的卡洛西豆是优秀的印度尼西亚豆，售价甚高。

⊙ 蓝眼曼特宁

多芭湖（Toba Lake）位于印度尼西亚苏门答腊岛的北方，距离省会棉兰（Kota Medan）大约6个多小时的车程，是知名的观光景点，山青水秀，自然也出产好咖啡。该湖长约100公里，宽约30公里，湖水湛蓝，宛若蓝色的眼睛。湖中有一个大岛，名叫沙摩西岛（Samosir），好像是眼中的瞳孔，看着四周翠绿的山峦。

◆ 印度尼西亚苏门答腊的多芭湖景

湖的周围有许多咖啡园，大多由小型的农户经营，虽然新的改良种一直被引进来，但仍有一些迪比卡（Typica）旧种珍贵地保留着。多芭湖产区的咖啡有着曼特宁经典的药草味，而且油质丰厚，具有淡淡的奶油香味，形成天鹅绒般的滑顺口感。一般而言，大家都认为曼特宁的调性比较老沉，但是这里的咖啡有综合果汁般的风味，调性相当活泼明亮。而且，它的酸质很低，符合台湾消费者的口味。于是，有从业者努力精选此区的好咖啡，并命名该品为"多芭蓝眼曼特宁"。

美丽的蓝宝石：卢旺达咖啡

主要特色：生豆呈现蓝绿色，有平衡的酸质与醇度，油质丰富，具有枫糖、红苹果、果汁或红酒般的饱满口感，属于风味多元的咖啡。

主要品种：波旁

最高等级：FW Grade A（FW 为Fully Washed的缩写）

处理方法：水洗法

21世纪之前，因为陷于长久的内战，民不聊生，卢旺达的咖啡种植业几乎停滞，咖啡的质量很差，价格很低，农民很穷。但是，2001年之后一切改观，优质的火山土壤、适宜的气候、勤政的政府官员与国际的人道支持，使卢旺达咖啡变为精选咖啡。美国国际发展局

（US Agency for International Development，简称USAID）的官方网站（http://www.usaid.gov/），曾说卢旺达精选咖啡供不应求。

卢旺达是中非洲的内陆国家，咖啡的主要产地在西部的山区与首都基加利（Kigali）附近（在卢旺达的中部），有些地方的海拔高度超过1676.4米，火山土壤与雨量均适合种植咖啡。约自2000年起，卢旺达大学、美国国际发展局、卢旺达农商促进会（Agribusiness Development Activity in Rwanda，简称ADAR）等组织开始协助咖啡种植业，他们教导农民种植精选咖啡，向银行贷款，兴建水洗厂。如今成就非凡，农民生活获得改善，其中最典型的例子就属玛瑞巴地区（Maraba）。1999年，卢旺达南部玛瑞巴地区的农民组成一个生产合作社，取名Abahuzamugambi，意思是一起工作、迈向共同目标。2000年，玛瑞巴的市长请求卢旺达大学、USAID、ADAR等组织协助改革咖啡农业，发展精选咖啡。现在，Abahuzamugambi合作社已经拥有1200位以上的会员与三个水洗厂。

该国的咖啡树大多是波旁种的Mayaguez，这个品种目前只见于卢旺达与布隆迪（Burundi）这两个非洲国家。生豆的颜色呈现蓝绿色（blue-green），相当好看。卢旺达绿色波旁豆的甜味甚佳，有平衡的酸质与醇度，油质丰富，具

◆ 卢旺达的阳光日晒豆

有枫糖、红苹果、果汁或红酒般的饱满口感,属于口味多元的咖啡。知名的星巴克公司偶尔有售,将其列入黑围裙系列,售价远高于其他咖啡豆。美国另一知名的绿山咖啡公司(Green Mountain Coffee)则赞美为"优中之优(best of the best)"。

台湾地区也有从业者采购来自玛瑞巴(Maraba)MIG水处理中心(Multisector Investment Group 简称MIG)的卢旺达FW Grade A咖啡。

星巴克的黑围裙(Black Apron）

星巴克的黑围裙就好像是空手道选手的黑带,是一种优秀的象征。该公司经过训练合格且表现优异的员工被授予穿着黑色的围裙,其他人则穿绿色的围裙。在商品方面,该公司有黑围裙系列咖啡,内含若干种豆子,卢旺达蓝色波旁是其中的一种。因来源珍稀,不是天天都有。

印度三宝：季风马拉巴、迈苏尔金砖与皇家水洗罗布斯塔

马拉巴位于印度的西南部，面临印度洋，北起果阿（Goa），往南绵延845公里，直达半岛最南端的科摩林角（Cape Comorin），为一狭长的海岸平原。由于土壤肥沃，又有印度洋季风的吹拂，自古以来都是重要的稻米产区，山区则是咖啡的种植地。1610年左右，印度人巴巴不丹（Bababudan Sahib）曾经从阿拉伯偷带七粒种子出境，回到家乡迈苏尔（Mysore）种植，而迈苏尔正是位于马拉巴海岸的东侧山区。

印度咖啡在华人圈的知名度不高，但是该国是世界第八大咖啡生产国，值得重新看待，有许多庄园生产优秀的精选咖啡。印度咖啡的最高等级是Plantation-A（水洗豆）或Cherry-AB（日晒豆），详情请参阅第四章咖啡豆的分级。另外，印度的迈苏尔金砖咖啡（Mysore Nuggets Extra Bold）与皇家水洗罗布斯塔豆，在精选咖啡的市场上也有很高的认知度。

⊙ 季风马拉巴咖啡

主要特色：季风马拉巴咖啡不酸，有深沉的泥香味与令人信服的洋香瓜味，宛若咖啡中的普洱茶，更是制作Espresso的好材料，能增加稠感与醇味。

主要品种：肯特

最高等级：Monsooned Malabar AA

处理方法：先去果皮，未水洗，进入季风处理程序

除了传统的咖啡豆之外，印度还将等级较好的阿拉比卡豆（Arabica Unwashed Cherry-AB）与罗布斯塔豆（Robusta Unwashed Cherry-AB）加以"季风"处理，成为季风咖啡（Monsooned Coffee）。

季风马拉巴咖啡的生豆呈金黄色，外观与一般的咖啡豆不同，倒是有点像花生仁。传说古代的商船沿马拉巴海岸收购咖啡豆并运回欧洲，沿途受印度洋季风吹拂，咖啡豆变成金黄色，同时风味转为更稠，且略带泥香味。商人趁机以创新商品出售，获得好评，成为今日著名的季风马拉巴咖啡豆。

咖啡果实在去除果肉之后，生豆的外表仍留有一层黏膜（Mucilage），这时候的生豆称为未洗豆（Unwashed Bean）。季风处理法是将未洗豆平均铺陈在特有的仓库里，堆积的高度约为四到六英寸。仓库只有屋顶没有四壁，地面铺以砖块，以防生豆受潮。农民还必须经常翻动，让咖啡生豆能均匀接受印度洋季风，在12~16周的时间里完成自然风干的程序。

经过季风处理之后，咖啡豆的体积膨胀为原来的两倍，外表呈金黄色，酸味退去，成为季风马拉巴咖啡。

季风马拉巴咖啡以生豆的颗粒大小分级，只有最高级者可列入精选咖啡，其分级表如下：

印度季风马拉巴咖啡豆的分级法	
阿拉比卡豆	罗布斯塔豆
Monsooned Malabar-AA	Monsooned Robusta-AA
Monsooned Basanally	Monsooned Robusta-BBB
Monsooned Arabica-BBB	Monsooned Robusta Triage
Monsooned Arabica Triage*	

*Triage的意思是最低级的咖啡豆。

⊙ 迈苏尔金砖咖啡

主要特色：迈苏尔金砖咖啡的油质丰富，香气厚重，带有巧克力的余韵。

主要品种：肯特

最高等级：Mysore Nuggets Extra Bold

处理方法：水洗后通用阳光晒干生豆

为了表示对精选咖啡的承诺，印度于1992年开始生产迈苏尔金砖咖啡（Mysore Nuggets Extra Bold）。这种咖啡的处理过程非常精致，完全由手工摘采成熟的咖啡果实，经由机器去皮去肉后，以山泉水进行水洗与发酵，接着通用阳光晒干生豆。最后，筛选出18号以上的豆子，生豆的颜色呈现均匀的蓝绿色，相当好看。其中，直径超过7.5毫米的生豆有90%以上（18号豆的直径是7.144毫米），使得烘焙后的均匀度甚佳，形成相当一致的风味。

金砖咖啡的油质丰厚，稠度与醇度俱佳，带有巧克力的余韵，香气厚重，颇有印度料理的特质。

⊙ 印度皇家水洗罗布斯塔豆

主要特色：红色艳丽的丰厚咖啡油，并有明显的醇度与稠度。

主要品种：罗布斯塔

最高等级：Parchment-AA

处理方法：水洗法

行家都认为优质的水洗罗布斯塔豆能提高Espresso的醇度，并制造出丰厚的咖啡油，一般的比例在12%~14%之间。但是，并不是所有的罗布斯塔豆都有这种效果。其中，以水洗式的印度罗布斯塔咖啡豆为杰出者之一。

2012年4月，在SCAA的年度展览会（SCAA Annual Exposition）上，印度的Kaapi Royale Coffee公司展出赛楚乐门庄园（Sethuraman Estate）的水洗式罗布斯塔咖啡豆，立刻引起注意，美国媒体对此进行了大量报道。

一般的高级罗布斯塔豆（Parchment-AB）为15号豆，但是据说赛楚乐门有更精致的分类，挑出17号豆，冠以皇家级（Kaapi Royale），简称RKR，等级更向上成为Parchment-AA。它是精选Espresso综合豆的好配方，能做出美丽且浓厚的咖啡油，令人惊艳，有兴趣的朋友可浏览该公司的网站（http://kaapiroyalecoffee.com/）。

回溯2011年，该公司也曾发表过利比亚种（C. Liberica）的浓缩咖啡配方，相当有创意。台湾在日本侵占时期也曾种植利比亚咖啡，至今古坑乡荷苞山的路边仍然可找到无人看顾的利比亚咖啡树，笔者看见过它们的累累果实。利比亚咖啡的效果如何，就等待以后再研究了。

甜味明显的咖啡：巴布亚新几内亚咖啡

主要特色：甜味明显、酸味柔和，有印度尼西亚咖啡的醇味，但比较柔顺，是风味平衡的优质咖啡。

主要品种：1931年引进牙买加蓝山咖啡（铁毕卡），1950年引进Arusha种，1962年引进"新世界"种与"卡杜拉"。

最高等级：AA。

处理方法：水洗后用阳光晒干生豆。

巴布亚新几内亚岛位于澳洲的北部，该岛的西半部为印度尼西亚的国土之一，东半部则为独立的巴布亚新几内亚国。全岛坐落在赤道区，东临太平洋，为马来群岛最东边的岛屿之一。该国的人口不到400万人，却有55000公顷的咖啡园。

约在1930年，巴布亚新几内亚才开始种植咖啡，在咖啡生产国之中算是生力军，由于质量甚佳，已站稳精选咖啡的市场。该国咖啡的原种来自牙买加蓝山地区，有着平衡的风味，后来又引进Mundo Novo与Arusha等品种。

巴布亚新几内亚与印度尼西亚一样，都是马来群岛的一部分，但是这里的咖啡却与印度尼西亚咖啡不同。它的甜味相当明显，也有柔和的酸味与花香味，略带曼特宁的醇味。若采用浅烘焙，有中美洲咖啡的温和清亮，重烘焙则有印度尼西亚咖啡的沉稳老练，是风味平衡的咖啡。

咖啡的产地很多，以东高地（Eastern Highland）与西高地（Western Highland）最为知名，但以企业经营的农庄（Estate）或大农场（Plantation）所生产的咖啡才有好质量，成为精选咖啡从业者的目标。咖啡的分级法是依据颗粒的大小，最高级为AA、其次有A、B、C与Y级。小农户所种植的咖啡，处理不善，大都属于Y级，质量相去甚远。

东高地常见的精选咖啡为Arona与Purosa，西高地则为Sigri。一般而言，东高地的咖啡较佳，所以对Arona与Purosa的评价高于Sigri，但差距并没有很大，最高级豆（AA级）都是精选咖啡。在华人地区常见Sigri咖啡，值得一试。笔者自家饮用的Espresso配方之中，一定会有50%的水洗豆，Sigri AA经常是我们的最佳选择，它让加了奶泡的卡布奇诺有花香与甜味。

这些咖啡全都种植在1524米以上的山区，采用水洗处理法。在去除果肉之后，将含着黏膜的生豆放入发酵池发酵三天，并且每24小时更换清水一次。三天之后，开始用山泉水洗豆，再用阳光晒干生豆，由于山区的泉水甘美，能形成特殊的甜味咖啡。

另外，在西高地还有Kalanga农场与Kinjibi农场（与Sigri农场一样，都位于瓦基河谷），东高地还有Okapa河谷、Yonki农庄与Obura农场，匀生产质量不错的咖啡，偶见于精选咖啡的市场上。

有机咖啡的乐园：秘鲁咖啡

主要特色：生态咖啡、中等浓郁、口感明亮持久与橘子般的酸甜平衡味道。

主要品种：铁毕卡与波旁

最高等级：AA

处理方法：水洗后以阳光晒干生豆

20世纪80年代以前，因政治、经济与社会问题，秘鲁的咖啡业几乎中断，很少出口到国际市场，因此，秘鲁咖啡渐渐被人忘记，直到20世纪90年代中期以后才逐渐恢复生机。

但也因此，秘鲁的咖啡园大多保留旧种，以铁毕卡（约60%）与波旁种为最多，不像其他邻近国家大量更换成高产量的新种。此外，秘鲁咖啡大多采用遮阴种植；生豆的处理为水洗式，不过都用阳光晒干豆子，并且使用天然的肥料，而不用化学合成的肥料，因此秘鲁有许多有机咖啡，已成为环保条件最好的咖啡产地。近年来，美国的精选咖啡兴起，需求旧种咖啡的人增多，秘鲁咖啡已逐渐获得关注。由于秘鲁咖啡使用自然的方法种植，因此，这种咖啡有厚实的香气与饱满的醇味。笔者在某次的杯测（Cupping）时曾经见秘鲁的Inkaico咖啡，采用全都会烘焙，在杯测之后众人都说是好咖啡。精选的优良秘鲁咖啡有这样几个特色：中等浓郁、口感明亮持久且有点甜橘的味道。

秘鲁的咖啡种植地区不大，几乎全部坐落在安第斯山脉的东侧斜坡上。大多由小农户耕作，平均每户只有2~3公顷而已，即使由小农户所组成的合作社共同处理咖啡生豆，其规模也都很小。因此，咖啡生豆的质量参差不齐。小农户的议价能力不佳，价格很低，即使是有机咖啡的价格也相当低廉。因此，产品经常作为有机咖啡综合豆的配方原料。

如同前面章节所述，凯伦·赛伯瑞罗丝（Karen Cebreros）与一些国际组织正在推广有机咖啡的认证，就是从秘鲁开始的。如今，秘鲁生态咖啡的发展逐渐成熟，越来越多的秘鲁咖啡已经是有机咖啡或公平交易咖啡。

生态咖啡的前锋：墨西哥咖啡

主要特色：生态咖啡，白葡萄酒的气味，坚果与淡巧克力的调性。

主要品种：波旁、铁毕卡、新世界

最高等级：SHG

处理方法：水洗法

墨西哥咖啡的极高地豆（Strictly High Grown）有不错的质量，它具备白葡萄酒的气味，并有坚果与淡巧克力的调性。较好的咖啡产自于瓦刹卡（Oxaca）、维拉库兹（Veracruz）等地，都以地区名称命名。在南边与危地马拉交界处的查巴斯（Chiapas）州，也有优质的咖啡豆，该州的首府为塔帕殊拉（Tapachula），因此市场称呼此地的咖啡为查巴斯豆或塔帕殊拉豆。

墨西哥的咖啡农家都是小农户，用最简单的原始方法种植咖啡；有的甚至穷到买不起肥料，只用自家的厨余或其他材料制成肥料。不过，因此造成转作有机咖啡的契机。该国各地有许多农业合作社（Cooperative）组织，大多经营得不错，也眼光独到地以有机咖啡作为利基市场（Niche Markets）。农业合作社协助农民改善质量，争取买家，因此墨西哥的有机咖啡价格高于秘鲁。

墨西哥是获得认证的第二大有机咖啡生产国，仅次于秘鲁，领先于埃塞俄比亚。若以公平交易咖啡来说，该国的产量排在世界第一；若以同时获得公平交易与有机认证的咖啡来说，该国的产量也排在世界第一。因此，墨西哥是生态咖啡的前锋。

优等生：巴拿马咖啡

主要特色：处理精良，风味纯净，醇味厚实，口感饱满，并有优雅的花香味。

主要品种：铁毕卡、卡杜拉

最高等级：SHB或Extra Fancy

处理方法：水洗法

巴拿马的咖啡产地集中在该国的西半部，靠近哥斯达黎加的边界山区，以博克特市（Boquete）为中心。那里有知名的巴鲁（Baru）、奇奎（Chirqui）与博克特火山，年轻的火山灰形成肥沃的土壤，孕育香甜的巴拿马咖啡。该国的生活水平甚高，不宜生产低价的咖啡，因此大部分的咖啡园都由干净整齐的庄园所经营。他们细心地处理咖啡豆，产出质量甚佳而呈深蓝色的生豆，可说是咖啡的优等生。

巴拿马的精选咖啡大多由庄园经营，在市场上会冠以庄园的名称，成为庄园咖啡，以示对自己品牌的负责。许多庄园坐落于海拔1524米以上的高处，昼夜温差大，咖啡生长缓慢，形成密度（density）很高的极硬豆。

为推广精选咖啡，该国早在1997年就已经成立巴拿马精选咖啡协会，设址于博克特市。该组织每年都会举办杯测大赛，选出最佳的巴拿马咖啡，在他们的网站（http://scap-panama.com/）里可以查到前几名的优胜庄园。

如同其他中美洲的咖啡，巴拿马咖啡也有清甜的味道与明亮的水果酸。但是，重烘焙也有令人震惊的风味与醇味，而且油质浮现，入口更是滑顺。

巴拿马咖啡没有制式的分级方法，大多由庄园自行分级。大部分的庄园采用中美洲惯用的方法以极硬豆（Srtictly Hard Bean，简称SHB）为最高级，高硬豆（Good Hard Bean）次之，有的庄园则以Extra Fancy、Fancy来标识等级。

美人咖啡：中美洲的Geisha

主要特色：处理精良，有麦芽糖似的甜味，醇度厚实，口感饱满，像是一杯加了蜂蜜的果汁。

主要品种：艺妓

处理方法：水洗法

这几年中美洲兴起一股Geisha或 Gesha 的风潮，它起源于巴拿马。Geisha是咖啡一个的品种，由于与日本艺妓的英文名称（Geisha）相同，所以台湾咖啡从业者就使用"艺妓"这个称呼。

Geisha承袭埃塞俄比亚咖啡的血缘，最早由哥斯达黎加引进中美洲，然后由Don Pachi Francisco Serracin 带到巴拿马。由于它的单位产量较低，并未受到重视，直到翡翠庄园（Hacienda La Esmeralda）的老板（Price Paterson与Daniel Paterson父子）发现它的价值。

刚开始的时候，Geisha 只是翡翠庄园里众多咖啡品种之一，产品都是混合之后一起卖出。但是，Daniel Paterson始终觉得部分咖啡之中有着特别甜蜜的柑橘味，于是逐一杯测，终于发现美味来自于Geisha 咖啡豆。翡翠庄园如获至宝，将它取名为"Esmeralda Special"，并屡屡在国际比赛中得奖，已经是世界名豆之一。根据该公司的官方网站（http://haciendaesmeralda.com/）资料，奖项如下：

· SCAA 杯测第一名（1st Place Specialty Coffee Association of America Roasters Guild Cupping Pavilion 2007，2006，2005）。

· SCAA年度咖啡第二名（2nd Place Coffee of The Year 2009，2008）。

· 巴拿马最佳咖啡第一名（1st Place "Best of Panama" 2010，2009，2007，2006，2005，2004）。

· 雨林联盟咖啡品质杯测第一名（1st Place Rainforest Alliance Cupping for Quality 2009，2008，2007，2006，2004）。

现在，只有翡翠庄园与Don Pachi的庄园有正统的巴拿马Geisha 咖啡。每年四月开始，翡翠庄园会拍卖Esmeralda Special，有兴趣的朋友可上网竞标。在过去两年，有我国台湾厂商中标的记载。

之后,哥伦比亚与危地马拉也都种植Geisha咖啡树,热潮未减。2012年,在SCAA的年度咖啡(Coffee of the Year)竞赛中,三种哥伦比亚Geisha咖啡挤进前十名,其中希望庄园(La Esperanza)的蓝色山峦农场(Cerro Azul)获得第二名(按:当年度的第一名是来自埃塞俄比亚Oromia农场的Heirloom原生种咖啡)。

波旁乐园:萨尔瓦多咖啡

主要特色:明亮的柑橘香味,偶尔出现轻微的薄荷味,葡萄柚般的余韵与不错的浓醇度。

主要品种:波旁

最高等级:SHB

处理方法:水洗法之后阳光干燥

由于内战的关系,过去较少见到萨尔瓦多咖啡,也因此留下一些旧种老树,使得该国也出产一些好咖啡。现在该国局势较为稳定,咖啡出口渐多。60%以上的咖啡树为波旁种,其他的也多是波旁的后裔,而且风味甚佳,可说是波旁乐园。95%

的咖啡采用遮阴种植，符合自然环境的生态要求。

另外，该国的咖啡名产应属帕卡玛拉（Pacamara），它是帕卡斯（Pacas 也属于波旁种）与象豆（Maragogype）的混合种。由于是象豆的后裔，颗粒较大，卖相也较好。它屡屡在国际级的竞赛中名列前茅，成为人们竞相追逐的咖啡。优质的帕卡玛拉有明亮的柑橘香味，葡萄柚般的余韵与不错的浓醇度，不愧是珍品，且售价低于牙买加蓝山咖啡，值得购买。

虽然有些优秀的萨尔瓦多咖啡具备不错的风味，但还是别忘了它们大部分是波旁种，有时候会具有类似巴西咖啡的碘味，请谨慎选择。

具有优质的基因：台湾咖啡

主要特色：小型农业结合观光业，风味各具特色。

主要品种：铁毕卡、波旁

最高等级：无分级法

处理方法：水洗法

清朝光绪10年，英国茶商自加州的旧金山输入苗木百株（也有人说是自马尼拉引进咖啡树苗），次年又输入种子，在台北的三峡地区开始种植，咖啡首度落脚在台湾的土地上。

1901年，日占时期台湾技师田代安定引进爪哇品种，在恒春热带殖育场（现为垦丁公园）试种，效果不错，1904年正式采收。以后又引进更多品种，并推广到台东、花莲与高雄等地区。之后，中南部地区有许多咖啡农场，到了1942年，全岛的咖啡面积已有1000多公顷，是最多的时期。二次大战期间，农业以种植粮食为主，到了1953年，竟然只剩下4.9公顷。

1954年，咖啡价格暴涨，农民种植获利甚高，有关部门就积极在云林县古坑乡荷苞山推广种植，并补助斗六经济农场，设立现代化的咖啡加工厂。但是未能大量推广，加上台湾的人工成本日益高涨，到了20世纪90年代几乎已经无人种植。

近年来，台湾兴起喝咖啡的热潮，咖啡农业才又获得关注。在中南部与东部地区，有农民复耕咖啡，只是规模不大。台湾的人工成本很高，精选咖啡的处理又特别费工夫，估计咖啡农业一定经营得很辛苦。云林县古坑乡农会大力推广台湾咖啡，并辅导农民种植，自创"加比山"咖啡品牌，营销全台湾。古坑乡的荷苞山与华山相邻，又连接到梅山与阿里山，

这个区域应是目前台湾咖啡最多的地方。其间由149甲公路连接，于是149甲该公路有"咖啡公路"的美称。云林县为支持咖啡农业，每年举办"台湾咖啡节"，并有台湾咖啡生豆评鉴，嵩岳咖啡园的生豆经常得奖，被传为佳话。

根据笔者的观察与询问，台湾西部的咖啡品种大多是日占时期留下来的铁毕卡种，而来自南投县的蕙荪林场与云林县古坑乡荷苞山，也是铁毕卡种（Typica），东部则有少数的波旁种。

1958年，台湾咖啡豆委托美国农业部鉴定，分析报告显示台湾咖啡的质量甚佳，相当于中美洲咖啡的中优级品。

2009年，亘上公司董事长李高明的阿里山高山咖啡在美国精选咖啡协会（SCAA）的年度比赛成绩单上名列第11名，可谓台湾之光。据该公司的人员表示，他们使用有机肥料种植，出产高质量的咖啡。

由此可见，台湾咖啡有优秀的基因，若能经过适当的处理与烘焙，台湾咖啡应可跻身为精选咖啡的行列。

咖啡中的少女：哥斯达黎加咖啡

主要特色：风味纯净，调性甜美明亮，有着蜂蜜与麦芽的口感，像一杯带有苹果香气的果汁，宛如少女的清唱，即使放到凉也很好喝。

主要品种：卡杜艾、新世界、卡杜拉

最高等级：SHB

处理方法：水洗法后用阳光晒干生豆

最好的哥斯达黎加咖啡来自四个地方：塔拉珠（Tarrazu）、三河（Tres Rios）、赫瑞第（Heredi）与雅拉珠拉（Alajuela），都在首都圣何塞市的周边。其中，以塔拉珠与三河地区的咖啡最为知名，其他地区的个别农庄也有很好的咖啡。北美地区著名的拉米尼塔（La Minita）庄园咖啡来自塔拉珠，星巴克（Starbucks）的三河美景咖啡来自三河地区，而Allegro公司的杜卡庄园（Doka Estate）咖啡则来自雅拉珠拉地区。

该国的咖啡生豆依照产地的高度分级，以极硬豆（Strictly Hard Bean，简称SHB）为最高等级，海拔高度在1189米以上。其次为高硬豆（Good Hard Bean，简称GHB），生长高度介于1006米与1189米之间。

哥斯达黎加的治安良好，经济活动相当有秩序，一向有"咖啡生产国中的瑞士"之美誉。一般而言，哥斯达黎加咖啡处理精良，少有瑕疵。该国的单位产量领先美洲的众多咖啡生产国。但是就精选咖啡而言，最大的问题在于大部分为卡杜拉（Caturra）新种，其次为卡

杜艾、新世界；最近有许多卡帝莫，风味不佳。所以，建议先试喝再购买，不要太迷信产地名称与等级。

此地都采用水洗法处理生豆，质量优良的农庄会采用阳光晒干生豆，他们将咖啡豆（已去果肉）置放于晒豆场（patio）上，曝晒的时间甚至长达15天，而且该地夜间的空气比较干冷，可充分养成咖啡的风味。处理完成时，生豆的含水率为11%，比其他国家平均的12%还要低。

哥斯达黎加的咖啡很多是由工厂收集与处理之后，以特定商标出售。但是，专家都宁可选择由农庄直接处理与出口的咖啡豆，例如雅拉珠拉的杜卡庄园（Doka Estate）、塔拉珠的多他合作社（Dota Cooperative）与塔拉珠的拉米尼塔（La Minita），出售的都是相当棒的咖啡。

◆ 哥斯达黎加的咖啡杯测

八面玲珑：哥伦比亚娜玲珑咖啡

主要特色：有完整的香气与活跃的风味，好的娜玲珑咖啡若施以Full City的烘焙度能有轻柔滑润的脂质口感，并有中度的醇味与隐隐约约的牛奶巧克力味。

主要品种：铁毕卡与波旁

最高等级：Supremo

处理方法：水洗法

⊙ 一般的哥伦比亚咖啡

哥伦比亚有肥沃的火山土壤与绵延不绝的山丘，是好咖啡的生产地。但是，近二十年以来，哥伦比亚一直以商业咖啡的上层客户为主要目标，因此不断地改良品种，广植名为Colombia的新种咖啡树。这些新种的产能是旧种的三倍，但是风味却大不如前，因此渐渐被摒除在精选咖啡的门外。

在商业咖啡市场上的成功起始于名叫Juan Valdez的营销组织，它的商标是一个戴着圆尖帽的拉丁美洲农夫，牵着一头骡子，背后则是一座山头。不论是电视、街头、球场或超市，到处可以看到这个商标，让哥伦比亚咖啡人人皆知。在北美地区，几乎所有品牌的家常咖啡（House Blend）都会加入一些哥伦比亚豆。虽然，该国的咖啡质量不差，但也大多平庸无奇，难入精选咖啡的门坎。

哥伦比亚政府为增加收益，早已成立一个推广组织，叫作国家咖啡生产者联合协会（National Federation of Coffee Growers，简称NFC）。NFC颇具执行力，它积极辅导小农种植咖啡，并成立大型处理工厂，为附近的农民处理咖啡果实与生豆。他们有严格的分级制度，将生豆依序分为特选级（Supremo）、上选级（Excelso）与优选级（Extra）三级，其中Excelso是Supremo与Extra的混合豆。

同时，NFC将不同地区、不同农场的生豆混合在一起，只标示等级，不标示产地。其实，各地的咖啡均有其特色，山的南边与北边就可能生产出风味不同的咖啡。这样做之后，人们只看到国家名称与级数（例如：Colombia Supremo或Colombia Extra），再也不知道产地来源，使得商业化的哥伦比亚咖啡渐渐失去特色。过去，哥伦比亚最好的MAM咖啡指的是来自Medellin、Armenia、与Manizales三个地区，但如今几乎全部丧失，市场上很难再遇到标榜MAM的哥伦比亚咖啡。

⊙ 近年崛起的哥伦比亚精选咖啡

虽然，哥伦比亚的咖啡产业以商业咖啡的上层客户为目标，但是该国至今仍有许多传统的小型农庄，栽种着旧种咖啡（铁毕卡与波旁），单一采收产量可能只有40袋左右，且必须由骡或驴驮至平地的处理中心。但是，这些豆子经常是哥伦比亚精选咖啡的来源，现在这样的现象以西南部与南部的安第斯山区为最多。

于是，有一些组织外的私人工厂或出口商开始推广这种好咖啡，以西南部的地区最多，集中在娜玲珑（Narino）、考佳（Cauca）与南惠拉（Southern Huila）等地区。来自这些地区的精选咖啡都会标示产地与等级，在台湾可见到娜玲珑与波波扬（Popoyan为考佳咖啡的市场名称）。一般而言，娜玲珑的风味较优。这些地区的咖啡都会标示产地名称，很容易识别，例如：Colombia Narino Supremo、Huila Supremo或Popoyan Supremo。

娜玲珑是哥伦比亚最南端的一个省，首府是巴斯多（Pasto），该地的海拔高度是2527米。咖啡种植地区以加勒瑞斯（Galeras）火山为中心，农场的高度都在1500米～2100米之间，肥沃的火山土壤孕育出甜美的娜玲珑咖啡，是公认最佳的哥伦比亚豆。这里的咖啡有柔和的酸质，中度的厚醇，并具有隐隐约约的牛奶巧克力味。

在娜玲珑地区有一些著名的农场，从特优级（Supremo）之中再挑选18号豆以上，经剔除瑕疵豆之后，形成更好的等级，叫作Reserva（西班牙文）。该地有一处农庄，叫作佩壮（Patron），它的Reserva Del Patron便是上等的娜玲珑咖啡。国际知名的咖啡连锁店星巴克也卖哥伦比亚咖啡，即是来自娜玲珑地区。

南惠拉咖啡相当稀少，它来自惠拉火山的南麓区域，该火山仍是活火山，也是哥伦比亚最高的活火山。此地的咖啡大多是铁毕卡种，有独特的奶香味与焦糖的调性。

大西洋珍珠：圣海伦纳咖啡

主要特色：有干净、纯正与浓醇的口感。

主要品种：波旁

处理方法：水洗法之后阳光干燥

圣海伦纳（St. Helena）是位于大西洋上的孤岛，在赤道的下方，是拿破仑被放逐的地方，因此该岛在欧美国家相当知名。

远在18世纪初期，该岛从也门的摩卡港引进咖啡豆种植。如今共有五个庄园：

1 Napoleon Valley Estate

2 Bluemans Estate

3 Mt Actaeon Estate

4 Bamboo Hedge Estate

5 Coffeeground Estate

现在，该岛大多数的咖啡树属于波旁品种，新长出的嫩叶为绿色，即 Green Tipped Bourbon。采用水洗式处理法，并通过阳光干燥。一般的阳光干燥法约需4～5天就足够了，但是圣海伦纳咖啡的干燥法极为特别，需使用4个月的时间才完成干燥程序，让发酵充分

◆ 圣海伦那岛上大多数的咖啡树属于波旁品种，新长出的嫩叶为绿色。

完成，形成特有的干净、纯正与浓醇的口感。因此，圣海伦纳咖啡的报价很高，甚至高于牙买加蓝山咖啡。

独步全球的烟丝味：危地马拉咖啡

主要特色：烟丝香味（Smoky）很明显，会在舌头的两侧留下强烈的感觉，余韵在喉间回荡。

主要品种：波旁、卡杜艾、卡杜拉、铁毕卡

最高等级：SHB

处理方法：水洗法

这些年来，危地马拉咖啡的目标指向美国的精选咖啡市场，一直努力维持应有的水平。他们不屈服于外在的环境，未砍掉旧种的波旁咖啡树，也未改植产量较高的新种。所以，该地有许多优秀的咖啡，可媲美哥斯达黎加，更胜过现在的哥伦比亚。

危地马拉豆的口感相当重，烟丝香味很明

◆ 危地马拉Santa Catalina庄园的红色波旁种咖啡

显，会在舌头的两侧留下强烈的感觉，余韵在喉间回荡。它有中度以上的厚实醇味与淡巧克力般的调性，而它的烟丝味更是全球独有。

在所有的产区当中，以中部山区的安提瓜（Antigua）、Acatenango以及北部的柯班（Coban）最为知名。近几年来，西部偏远的薇薇特南果（Huehuetenango），亦被精选咖啡从业者相中，它的极硬豆也是品质甚佳的咖啡。安提瓜南边的雅地特兰湖（Atitlan Lake）周边也出产很好的咖啡。

星巴克公司的卡西赛罗咖啡口味浓郁丰厚，有高雅的花香，以橘色的铁盒子包装，相当名贵，它是危地马拉综合咖啡，豆子来自安提瓜的四个农场。

图书在版编目（CIP）数据

邂逅一杯好咖啡 / 柯明川著. -- 北京：中国画报出版社，2014.1
　　ISBN 978-7-5146-0944-8

Ⅰ. ①邂… Ⅱ. ①柯… Ⅲ. ①咖啡 – 基本知识 Ⅳ. ①TS273

中国版本图书馆CIP数据核字(2014)第013876号

版权合同登记号：01-2014-4469

责任编辑：张光红
出版发行：中国画报出版社
　　　　　　（中国北京市海淀区车公庄西路33号，邮编：100048）
开　　本：24开（889mm×1194mm）
印　　张：10
字　　数：230千字
版　　次：2014年9月第1版　2014年9月第1次印刷
印　　刷：北京彩虹伟业印刷有限公司
定　　价：36.00元

总编室（兼传真）：010-88417359　版权部：010-88417409
发行部：010-68469781　010-88417417（传真）

中文简体字版©2014年，由北京博采雅集文化传媒有限公司出版。
本书经由厦门凌零图书策划有限公司代理，经上旗文化股份有限公司正式授权，同意北京博采雅集文化传媒有限公司出版中文简体字版本。非经书面同意，不得以任何形式任意复制、转载。